개
도
아
플
때
가
있
다

강아지 전문 수의사의 50가지 홈 케어 가이드

개 도 아 플 때 가 있 다

고바야시 도요카즈 지음 | **윤지은** 옮김

살림

우리 집 개와 건강하고 행복하게 지내고 싶다면

이 책을 보시는 분은 아마 반려견과 함께 즐거운 시기를 보내면서도 언젠가 다가올 이별을 생각하는 주인이겠지요.

개는 사람보다 훨씬 빨리 늙습니다. 오랜 시간을 같이 보낸 반려견의 미래를 상상하면 불안해질 수도 있습니다. 점점 쇠약해지는 반려견의 모습에 슬픔을 느낄 수도 있습니다. 간호를 시작하면 앞날이 보이지 않는 일상에 지칠 수도 있겠지요. 그래도 서로의 행복을 위해 알아두어야 할 것들이 있습니다.

최근에는 개의 평균 수명이 소·중형견은 15세, 대형견은 10세까지 늘어났습니다. 생활 환경이 개선되어 식사의 질이 향상되고 수의학이 발전된 결과입니다. 따라서 반려견이 나이가 들어 신체 기능이 떨어지거나 병에 걸렸을 때 반려견을 치료하는 방법이 중요해졌습니다.

지금의 시대는 건강 수명을 유지하는 방법과 생활의 질(Quality Of Life, 이하 QOL)을 향상시키는 것을 중요하게 생각합니다. 건강 수명이란 간호가 필요하지 않은 기간을 말하고 QOL은 쾌적한 생활을 말합니다. 이와 관련하여 이 책은 반려견의 '생활의 질'을 높이기 위해 반려견이 어렸을 때부터 들이면 좋은 습관, 반려견이 질병에 걸렸을 때 간호하는 방법, 반려견의 임종을 맞이하는 방법에 대해 설명하고 있습니다.

또한 QOL with Dog에 관해 생각하는 것도 중요합니다. 이는 반려견과 함께하는 것이 곧 주인의 행복이 된다는 사고방식입니다. 이를 위해 늙어가는 반려견을 지켜볼 때 드는 불안, 슬픔, 피로를 줄이고 반려견과 웃으면서 일상을 보낼 수 있도록 준비합시다.

반려견과 이제 막 삶을 시작하는 분, 즐거운 시기를 지내고 있는 분, 이별을 생각하게 된 분 모두 반려견과 행복한 시간을 보낼 수 있도록 이 책이 조금이라도 도움이 된다면 좋겠습니다.

반려견의 건강을 지키는 10가지 약속

1. 개는 사람보다 5배 정도 일찍 일생을 마친다는 사실을
   알아주세요.

   🐶 소·중형견은 10세 이후, 대형견은 9세 이후가 고령이에요. 저와 보내는 시간을 소중하게 여
   겨주세요(p.18).

2. 동물병원에서 건강 검진을 정기적으로 받아주세요.

   🐶 1년에 2번은 건강 검진을 위해 동물병원에 데려가주세요. 집에서 매일 건강 상태를 확인하는
   일도 중요해요(p.30).

3. 물 마시는 양이 늘면 병을 의심하세요.

   🐶 제가 물을 많이 마시면 건강하다고 생각하기 쉬워요. 하지만 물을 많이 마시는 것은 제가
   건강하지 않다는 징후라는 걸 기억해주세요(p.70).

4. 소변과 대변은 건강의 지표라는 점을 알아주세요.

   🐶 제가 온종일 소변을 누지 않거나 사흘간 대변을 보지 않으면 건강에 이상이 있다는 신호이니
   바로 동물병원에 데려가주세요(p.74, 76).

5. 체중이 변화하면 병을 의심해주세요.

   🐶 갑자기 체중이 늘거나 줄어들면 병일 가능성이 있어요. 그럴 때는 바로 저를 병원에 데려가주
   세요(p.82).

6. 걸음걸이도 찬찬히 관찰해주세요.

발을 질질 끌거나 고개가 위아래로 움직일 때에는 관절에 이상이 있을 가능성이 높아요.
평소 저의 모습과 다른 점이 있는지 찾아보세요(p.86, 88).

7. 스킨십으로 멍울을 찾아내세요.

부드럽게 쓰다듬거나 빗질 혹은 목욕을 하며 몸을 만져주세요. 그때 부자연스러운 멍울을
발견하면 바로 병원에 데려가주세요(p.94).

8. 젊었을 때와 다른 행동을 하더라도 상냥하게 받아주세요.

오래 살게 되면 저에게서 치매 증상이 나타나기도 해요. 속상하고 힘들겠지만 곁에서 보살펴
주세요(p.106, 108, 110).

9. 치료 방법을 결정할 때 수의사의 설명을 자세히 들으세요.

제가 어떤 치료를 받을지는 주인님이 결정해주세요(p.124).
단골 동물병원에서는 불가능했던 치료가 다른 병원에서는 가능할 수 있으니까 충분히 검토해
주세요(p.126).

10. 임종이 다가오면 다정하게 보내주세요.

당신을 슬프게 하려고 제가 여행을 떠나는 건 아니에요. 임종까지 웃으면서 차분히 곁에 있어
주세요(p.143).

차례

제3장 행동에서 병을 읽어내는 법

제4장 임종기 개에게 흔한 증상과 돌봄 방법

제5장 임종 전후에 할 수 있는 일

제6장 정신적인 고통 치유하기

개의 건강은 하루하루 쌓이면서 만들어집니다.

- 고바야시 도요카즈

제1장

알아두어야 할 개의 일생

노화로 인해 변화하는 개의 신체 기능

개는 기초 대사로 섭취한 칼로리의 약 70퍼센트를 소비합니다. 노견은 기초 대사가 떨어지기 때문에 칼로리 섭취를 줄이지 않으면 살이 찌기 쉽습니다.

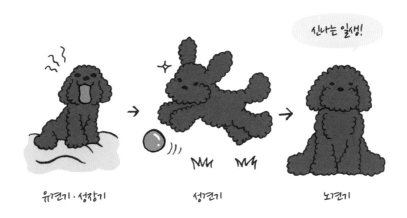

신나는 일생!

유견기·성장기   성견기   노견기

활동량과 체형에 서서히 변화가 생긴다

개는 나이를 먹으면 여러 신체 기능이 쇠약해집니다. 주로 주목해야 할 변화는 무뎌지는 감각과 근육의 쇠약, 관절염 증가 등입니다. 주인의 꾸준한 배려와 보살핌이 있다면 반려견의 수명은 연장될 수 있습니다. 반려견의 활동량이 줄어드는 것이 나이 때문이라고 생각하기 쉽지만 사실은 고관절이나 슬개골의 통증 때문일 수도 있습니다. 이러한 것들을 치료로 개선할 수 있다는 점을 기억해둡시다. 생활 습관에서 발생하는 병은 겉으로 보기에는 알아채기 어렵기 때문에 정기적으로 건강 검진을 받아야 합니다.

말똥말똥.

1

건강한 상태 기억해두기.

작은 변화를 놓치지 않도록 건강할 때의 상태를 기억해둡니다. 눈이나 입안의 색깔, 몸 피부의 상태, 걸음걸이 등 건강 상태 체크를 습관화합니다(p.30). 이상을 발견했을 때 사진이나 동영상을 촬영해두면 수의사가 진찰할 때 참고 자료가 되기도 합니다.

면역 기능 저하
노견은 면역 기능이 약해지기 때문에 질병에 감염되거나 암이 생기기 쉽습니다. 소화 기능도 약해지니 설사나 변비에 주의가 필요합니다.

2

비만 조심하기.

비만은 심장병이나 관절염을 일으키기도 합니다. 반려견은 나이가 들면서 살이 잘 찌는 경향이 있으니 식사에 주의합시다.

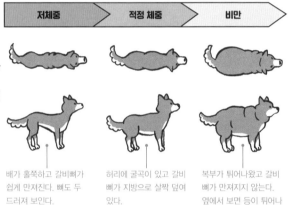

| 저체중 | 적정 체중 | 비만 |

배가 홀쭉하고 갈비뼈가 쉽게 만져진다. 뼈도 두드러져 보인다.

허리에 굴곡이 있고 갈비뼈가 지방으로 살짝 덮여 있다.

복부가 튀어나왔고 갈비뼈가 만져지지 않는다. 옆에서 보면 등이 튀어나온 것처럼 보인다.

3

근육량 유지하기.

사람을 포함한 동물은 근육량이 떨어지면 신체 기능도 저하되어 수명이 짧아집니다. 산책은 횟수를 늘리는 대신 시간을 짧게 하는 등 반려견의 건강 상태에 맞는 운동으로 근육량을 유지합시다.

오늘은 어디 갈 거야?

준비운동하기
산책이 중요하기는 하지만 노견은 신체 기능이 떨어진 상태입니다. 산책 전에 손으로 간단하게 놀면서 준비운동을 합시다.

임종기를 위한 치료는 어디까지 필요할까?

도심에 있는 동물병원에는 의료 기기가 갖춰져 있습니다. 컴퓨터 단층 촬영(Computed Tomography, 이하 CT)이나 자기 공명 영상(Magnetic Resonance Imaging, 이하 MRI) 등 사람과 마찬가지로 반려견 역시 고도 검사를 받을 수 있습니다.

필요한 정보를 수집해서 후회하지 않는 선택을 하자

현대에는 수의학이 발달해서 여러 가지 치료가 가능해졌습니다. 따라서 최근에는 동물을 위한 집중 치료를 희망하는 주인이 늘어나고 있습니다. 치료를 할 때 후회 없는 선택을 하기 위해서는 사전 동의*가 중요합니다. 반려견을 위해 치료 과정에서 나타날 수 있는 장점과 단점을 미리 확인합시다. 단골 동물병원이 아닌 다른 동물병원에서 보충 의견을 듣는 것도 좋겠지요. 나중에 후회하지 않도록 가족 전원이 함께 상담합니다.

---

* 주인이 수의사에게 치료 설명을 충분히 듣고 검토하여 동의하는 것.

1

무리 없는 치료 선택하기.

치료나 간호를 무리하지 않고 계속하기 위해 '노력' '시간' '치료비'의 균형을 생각합시다. 개에게 부담을 적게 주는 방법을 선택하는 것도 중요합니다.

상황 정리해보기

개의 상태, 가족의 상황, 돈과 시간 등 고려해야 할 사항을 나열하여 정리해보세요. 종합적으로 생각할 수 있을 뿐 아니라 정보를 정리할 수 있습니다.

2

고도 검사도 선택할 수 있다.

현재는 반려견도 사람처럼 CT나 MRI, 방사선 치료 등 고도 검사를 받을 수 있게 되어 치료의 폭이 넓어졌습니다. 수의사의 설명을 잘 듣고 개에게 가장 좋은 방법을 선택합시다.

주인님이 진지하네……

수의사와 이야기 나누기

간호나 '여행 준비'를 마주하게 되면 불안해지기도 합니다. 수의사와 이야기하면서 의문을 해소하는 것만으로도 마음의 정리가 됩니다.

3

치료나 간호에서 일시적으로 벗어나는 것도 필요하다.

노견을 간호할 때 혼자 떠안지 않도록 합시다. 때로는 단골 동물병원에 맡기거나 친구 혹은 펫시터에게 도움을 청해 주인도 느긋하게 쉴 수 있도록 합시다.

도저히 반려견을 돌볼 수 없을 때

노견의 간호는 기본적으로 집에서 하는 것이 중요합니다. 다만 어쩔 수 없는 이유로 집에서 돌볼 수 없다면 요양시설이라는 선택지도 있습니다(p.55).

개의 평균 수명 알아보기

현대를 살아가는 개 또한 사람과 마찬가지로 고령화가 진행되고 있습니다. 주인의 애정과 의료 기술의 발달이 장수를 가능하게 해줍니다.

뭐 하고 놀 거야?

산책이야?

밥 멀었어?

대형견

래브라도 레트리버,
골든 레트리버, 아키다,
아이리시 세터, 저먼 셰퍼드,
아프간 하운드 등.

중형견

시바견, 웰시 코기, 비글,
불도그, 보더 콜리,
잉글리시 코카 스패니얼 등.

소형견

토이 푸들, 치와와,
닥스훈트, 요크셔테리어,
시추, 포메라니안,
퍼그, 파피용 등.

소·중형견은 15세, 대형견은 10세가 평균 수명이다

수의학의 발전, 환경 개선과 함께 개의 수명이 늘어나고 있습니다. 평균 수명은 소·중형견이 약 15세, 대형견이 약 10세입니다.

노화가 시작되는 시기는 소·중형견이 10세, 대형견이 7세 정도입니다. 견종에 따라 개체 차는 있지만 다음의 '개와 사람의 나이 환산표'에서 개의 일반적인 나이 수치를 알아둡시다.

노화가 시작되어도 수명을 다하는 날까지 반려견이 생기 있게 생활할 수 있도록 보살펴주는 것이 중요합니다.

개와 사람의 나이 환산표

소·중형견은 10세, 대형견은 7세가 넘었다면 임종기에 대해 고민해야 합니다.

삶의 단계	사람의 나이	개의 나이	
		소·중형견	대형견
유견기·성장기 사회의 규칙을 배우며 호기심이 왕성한 시기입니다. 성적인 성숙을 맞이하는 6개월 이후 중성화 수술을 고려해봅시다.	1세	0~1개월	0~3개월
	5세	2~3개월	
	9세	6개월	6~9개월
	13세	9개월	1세
성견기 기력과 체력이 가장 좋은 시기입니다. 1년에 1번 건강 검진을 놓치지 않도록 합시다. 견종에 따라서는 유전적인 원인으로 병에 걸리기도 합니다.	15세	1세	2세
	24세	2세	
	28세	3세	3세
	32세	4세	4세
	36세	5세	
	40세	6세	5세
숙견기 이 무렵부터 1년에 2번 건강 검진을 합니다. 신체 기능이 약해지고 살이 찌기 쉽습니다.	44세	7세	6세
	48세	8세	
	52세	9세	7세(노견 시기)
노견기 여러 가지 병에 걸리기 쉬운 시기입니다. 소·중형견, 대형견 모두 '노견'이라고 하며 몸 상태가 갑자기 나빠지기 쉽습니다. 눈을 뗄 수 없는 상황이 증가하기 때문에 생활 환경을 바꾸거나 집에 홀로 두는 일은 반드시 피해야 합니다.	56세	10세(노견 시기)	8세
	60세	11세	
	64세	12세	9세
	68세	13세	
	72세	14세	10세(평균 수명)
	76세	15세(평균 수명)	
	80세	16세	11세
	84세	17세	
	88세	18세	12세
	92세	19세	13세
	96세	20세	

환경에 따라 달라지는 개의 수명

개의 사망 이유 중 가장 큰 부분을 차지하는 심장병, 신장병, 종양은 수명이 길어질수록 발생 확률이 더 높습니다.

스트레스와 면역력 저하를 막고 장수견으로 만들자

옛날엔 사상충증이나 감염증으로 목숨을 잃은 개들이 많았지만 지금은 구충제나 백신으로 예방할 수 있습니다. 개의 건강을 지키기 위해서 평소에 예방을 철저하게 합시다. 개가 사망하는 가장 큰 이유로는 체질, 유전, 면역력 저하, 식생활로 인한 심장병, 간장병, 종양 발생 등이 있습니다.

주인이 할 수 있는 일은 스트레스를 덜어줄 생활 환경을 마련하고 면역력 저하를 막는 데 공을 들이는 것입니다. 제2장을 참고삼아 쾌적한 환경을 만들어줍시다.

1
스트레스가 건강 수명을 짧게 한다.

정신적인 스트레스도 개의 수명에 영향을 줍니다.
생활 환경 개선이나 개와 교감하는 방법을 통해
정신적인 스트레스를 조금이라도 덜어줍시다.

날 보나?

식사에도 신경 쓰기
식생활도 스트레스와 관계가 있습니다. 영양의 균형을 생각하
는 것도 중요하지만 개가 좋아하는 음식을 밥 위에 올려주는
등(p.38) 먹는 즐거움을 만들어주세요.

2
불의의 사고 예방하기.

실내에서는 반려견의 골절 사고나
음식 섭취에 주의합시다. 눈병 때문에
물건에 부딪칠 때도 있으니 개에게 장
해물이 되는 것은 치웁시다. 실외에서
는 탈주를 방지하거나 교통사고를 막
기 위해 반드시 목줄을 채워줍시다.
개를 놓아기르는 것은 법으로 금지하
고 있습니다.

다녀왔……

미끌

아이코!

미끄럼 방지하기
마룻바닥은 미끄러지기 쉬워서
위험합니다. 코르크 매트나 탄
력이 있는 깔개로 사고를 예방
합시다.

실내견과 실외견의 수명 차이는?
더위와 추위를 막고 질병 예방과 식
사 관리를 제대로 해준다면 바깥에
서 키운다고 해서 수명이 짧아지
는 않습니다.

3
개가 안정을 취할 수 있는 터전 만들기.

실내, 실외를 막론하고 개가 편안
하게 머물 수 있는 곳을 만들어줍
시다. 사람들이 많지 않은 조용한
곳을 추천합니다. 마음대로 움직일
수 있는 공간도 필요합니다.

으르릉.

'집 지키는 개'가 받는 스트레스
모르는 사람과 자주 만나는 '집 지키는 개'의 생활
방식은 개에게 스트레스로 작용하기도 합니다.
스트레스를 줄이기 위해서는 안정을 취할 수 있는
공간을 꼭 만들어줘야 합니다.

반려견과 함께하는 쾌적한 생활

개와 사람 모두가 행복하게 살 수 있는 'QOL with Dog'라는 사고방식을 알아둡시다.

이별의 시간이 다가와도 함께 행복할 수 있도록 노력하자

QOL이라고 하면 주인은 반려견 위주로 생각하기 쉽습니다. 그러나 노견의 간호와 치료는 장기간 지속될 수도 있습니다. 그 생활을 지탱하기 위해서 필요한 것은 주인의 자기희생이 아닙니다. 개와 함께 있는 것이 곧 사람의 행복이 되는 'QOL with Dog'라는 사고방식을 기억합시다. 주인의 웃음은 반려견에게 힘의 원천이 됩니다. 함께 지낸 시간처럼 행복한 임종기를 보낼 수 있도록 서로의 QOL을 고려합시다.

내일도 산책하자.

1
개의 개성 존중하기.

선입관을 버리고 반려견이 좋아하는 것을 잘 파악합니다. 걸을 수 없게 되면 휠체어를 시험해보는 등 상황에 맞는 노력도 필요합니다. 산책 시간을 짧게 하고 개가 걷는 속도에 맞춰 천천히 걸읍시다.

장애를 가지는 것은 자연스러운 과정
나이가 든 반려견의 몸에 조금씩 이상이 생길 때 이를 고민하게 되는 것은 당연합니다. 반려견이 자신감을 잃지 않도록 신경 씁시다.

약 먹어요.

완화 케어의 의미
완화 케어란 질병 증상이 나타나면 우선으로 대처해야 할 일을 말합니다. 예를 들어 폐암이 발병했을 때 암 자체의 치료는 미루고 먼저 호흡을 편하게 해주거나 탈수 증상을 개선하면서 치료하는 것을 말합니다.

2
QOL을 생각하면서 치료법 선택하기.

병을 치료하는 방법은 다양합니다. 완화 케어를 병행하며 다른 방법을 선택할 수도 있습니다. 치료 과정이나 입원 기간, 집에서 치료를 진행할지에 대한 여부 등 여러 가지 방법을 수의사와 상담해봅시다.

주인이 할 수 있는 일
개를 가장 잘 이해하는 사람은 오랫동안 함께 해온 주인입니다. 개의 몸 상태나 변화에 대해 수의사와 상담하면서 돌볼 수 있는 방법을 알아봅시다.

왜 그러는데?

3
때로는 반려견도 참게 할 필요가 있다.

주인이 무리하지 않고 쉬는 것도 중요합니다. 예를 들어 개에게 부담을 주게 되더라도 '조금만 참아'라고 말할 수 있어야 합니다.

'여행 준비'를 시작하는 시기

'여행 준비'란 병을 앓게 되어 생활의 질이 떨어진 개가 남은 생을 좀 더 쾌적하게 살 수 있도록 돌봐주는 것입니다.

내 임무는
오래 사는 거야.

질병이 발견되어 생활의 질이 떨어지기 시작할 때를 포착하자

보통 우리는 광견병 예방 접종 같은 용건으로 개를 매년 동물병원에 데려갑니다. 특히 7세가 넘으면 그런 기회를 이용하여 병을 조기에 발견할 수 있도록 신경 써야 합니다. 일찍 질병을 발견했다면 먼저 치료할 수 있는 병부터 치료합니다. 생활 습관으로 발생하는 병은 완치하기가 어렵지만 건강 수명을 늘리는 치료 방법은 늘 존재합니다. 사람의 건강 수명이란 병이 있어도 남의 손을 빌리지 않고 생활할 수 있는 기간을 말합니다. 개도 마찬가지입니다. 생활의 질을 떨어뜨리는 질병을 발견한다면 치료와 함께 '여행 준비'를 시작할 시기입니다.

잠깐 기다려요.

1
노화는 나이가 아닌 건강 상태로 판단해야 한다.

노령기에 나타나는 승상은 나이에 따라 개체 차가 있습니다. 반려견의 상태를 보고 판단합시다. 우리는 반려견이 젊고 건강한 상태에 머무르길 바라지만 개 역시 나이를 먹습니다. 노화를 받아들이는 것도 필요합니다.

노화를 받아들이기
개마다 노화의 진행 속도는 다릅니다. 반려견의 상태를 제대로 알고 반려견과 조금이라도 오래 살 수 있는 방법을 생각해봅시다.

2
건강 검진으로 조기에 발견하기.

7세가 넘으면 정기적으로 건강 검진을 받읍시다. 개의 시간은 사람보다 빨라서 1년에 2번 검사를 받게 되면 사람의 횟수로 2~3년에 1번 받는 것과 같다고 볼 수 있습니다. 개는 병의 진행 속도도 빠르다는 것을 주의합시다.

잘~ 보세요.

평소에 중요한 생활 습관
개의 건강은 하루하루 쌓이면서 만들어집니다. 살이 찌지 않도록 개의 식생활에 신경을 쓰는 등 개를 위한 생활 습관을 마련합시다.

아빠, 바로 거기요.

3
노견의 치료는 현상 유지를 목표로 하기.

노령에 발병하는 질병은 완치가 아닌 현재 상태를 유지하기 위해서 치료할 때가 많습니다. 나이가 들어 병에 걸리는 것은 자연스러운 일입니다. 반려견의 현재 상태에 잘 맞추는 것이 '여행 준비'인 셈입니다.

몸에서 나타나는 신호
털이나 체형, 다리, 꼬리 등 신체 부위마다 알아볼 수 있는 노화의 신호가 있습니다. 예를 들어 털은 백발이 되고, 윤기가 없어지며 많이 빠지기 시작합니다. 또한 등은 굽고 근육량은 떨어지며 다리에 힘이 빠져 꼬리를 치지 않게 됩니다.

COLUMN 1.

몸에 부담을 주지 않는
식이 요법

비만은 '만병의 근원'입니다. 나이가 들면서 체력이 달리는 노견은 더더욱 비만
에 주의할 필요가 있습니다. 젊은 시절부터 체중 관리에 신경을 쓰는 게 당연하
지만 식이 요법을 할 경우 개의 몸에 부담을 주지 않도록 주의를 기울입시다.

체중 감량을 목표로 하되 한번에 감량하지 않고 한 달에 체중의 5퍼센트 이내로
감량하도록 합니다. 목표 체중을 향해 3개월에서 6개월 정도의 시간을 소요하는
것이 적당합니다. 칼로리에 신경 쓰지 말고 하루 식사량을 3~6회 정도로 조금씩
나눠서 먹이면 칼로리 흡수율이 낮아집니다. 식전에는 반려견의 몸 상태에 맞춰
운동도 적절히 시켜줍니다.

또 신경 써야 할 것은 체중 단위입니다. 인간은 1킬로그램 단위로 무게를 측정하지
만 개는 다릅니다. 예를 들어 5킬로그램인 개의 체중에서 100그램은 인간 체중
50킬로그램에서 1킬로그램과 같습니다. 따라서 50~100그램 단위로 반려견의
체중을 관리합시다. 자칫하면 칼로리를 줄일 때 식사량도 줄여버리기 쉽습니다.
식자재를 다양하게 사용하여 식사량이 줄지 않도록 공을 들입시다. 반려견이 맛
있게 먹으면서 식사를 즐길 수 있도록 해줍니다.

제2장

집에서 하는 '여행 준비'

집에서 하는 '여행 준비'란

반려견의 몸 상태에 따라 생활 방식을 바꿔줍시다. '여행 준비'를 위해 반려견의 신체 기능을 유지하는 것이 중요합니다.

인생은 예측할 수 없어.

주변 환경을 정리하고 간병으로 생활의 질을 유지해주자

노견에게는 신체 기능이 서서히 나빠지는 만성 질환(제4장)이 흔히 나타납니다. 이런 병은 완치가 어려우므로 주변 환경에 잘 맞춰가는 것이 중요합니다. 증상에 따라서 식사나 운동 제한이 필요하기 때문에 수의사와 잘 상담합시다. 주변 환경을 정돈하거나 반려견의 움직임을 도와주는 등 간병을 통해 생활의 질을 충분히 유지할 수 있습니다. 집에서의 '여행 준비'가 행복한 시간이 될 수 있도록 미리 준비를 해둡시다.

1
식사와 식수에 신경 쓰기.

식사는 나이와 몸 상태에 맞춰 준비합시다. 덧붙여 식사 횟수나 급여 방법에도 공을 들입니다(p.36). 물은 신선한 상태로 유지하고 개가 언제나 마실 수 있는 곳에 놓습니다. 다소 높은 받침대에 올려놓으면 물을 마시기가 더 쉽습니다.

맛있어!

일어선 채로 식사를 할 수 없다면
식사를 손에 올려놓고 반려견의 입에 대주는 '핸드 피딩'을 추천합니다. 물은 주사기나 튜브 용기에 넣어서 줍니다.

몸 상태가 나빠져서 안정을 취한 후
안정을 취해야 할 기간이 끝나면 수의사와 상담해서 몸에 부담을 덜 주는 운동으로 다시 시작합시다.

2
몸 상태에 맞춰
운동법 다르게 하기.

심장병은 각 단계에 따라 할 수 있는 운동이 다릅니다. 추간판 탈출증에 걸리면 반드시 안정을 취해야 합니다. 반려견에게 맞는 적절한 운동량과 운동법을 수의사와 상담해봅시다.

산책 못 가요?

식사와 운동은 매일 꾸준하게 하기
운동이 부족하면 영양 밸런스가 나빠져 근력이 단기간에 떨어집니다. 영양 밸런스와 근력 모두 빠르게 변화시킬 수 없으므로 매일 조금씩 노력하는 것이 중요합니다.

침대를 깨끗하게 해줘서 고마워요.

3
쾌적한 수면을 위해
잠자리 관리하기.

나이가 들수록 개는 수면 시간이 늘어납니다. 쿠션감이 좋은 방석이나 고기능 매트를 준비하면 좋습니다. 반려견이 자고 있는 곳의 온도 또한 신경을 씁시다(p.34).

방석은 청결하게 유지하기
방석에 털이나 오염, 피지 등이 있으면 잡균이 번식하기 쉽습니다. 꼼꼼하게 세탁하고 교체해서 질병을 예방합시다.

빠짐없이 매일매일 몸 상태 체크하기

병을 미리 발견하기 위해 연 2회는 동물병원에서 건강 검진을 받고 집에서는 잊지 말고 매일 몸 상태를 체크합니다.

'체온' '식욕' '컨디션'을 체크하자

몸 상태가 나빠지고 있다는 신호를 알아채려면 반려견의 작은 변화도 놓치지 않아야 합니다. 특히 중요한 것은 체온입니다. 몸 상태 이상은 체온으로 나타날 때가 많습니다. 감염이 되면 체온이 올라가기 때문입니다. 심장이나 혈액 순환이 급격하게 나빠지거나 탈수가 심한 경우에는 체온이 내려갑니다. 털이 없어 개의 체온을 느끼기 쉬운 귀 밑부분을 만져보면 체온의 변화를 알 수 있습니다. 또한 식욕이 있는지 없는지, 물은 얼마나 마시고 있는지 반려견의 상태를 잘 관찰합시다.

평상시 몸 상태 점검하기

해당하는 증상이 하나라도 있으면 병원에 데려갑니다.

☐ 움직이고 싶어하지 않는다. → p.58

☐ 귀 밑부분이 평상시보다 차갑다. / 뜨겁다. → p.59

☐ 눈의 검은자위나 흰자위의 색이 다르다. → p.60, 62

☐ 콧물이나 코피가 나온다. → p.66, 68

☐ 물을 많이 마시고 소변을 많이 눈다. → p.70

☐ 좌우 대칭으로 탈모가 있다. → p.72

☐ 소변을 하루 이상 누지 않는다. → p.74

☐ 대변을 사흘 이상 누지 않는다. → p.76

☐ 소변이나 대변의 색깔과 냄새가 평소와 다르다. → p.74, 76

☐ 체중이 한 달 만에 5퍼센트포인트 늘었다. / 줄었다. → p.82

☐ 걸음걸이가 이상하다. → p.86

☐ 온종일 먹지 않는다. → p.98

장벽 해소로 쾌적한 거주 공간 만들기

시력이 약해지면 반려견의 안전을 위해서라도 방 안의 가구 배치를 가능한 한 바꾸지 않도록 합시다.

개의 건강 상태에 적합한 방을 만들어 사고를 예방하자

노견이 안심하고 살 수 있도록 안전한 환경을 마련하는 것이 중요합니다. 나이가 들면 체력이 떨어지고 하체가 약해집니다. 또한 치매 증세가 나타나면서 제자리를 배회하기도 하고 젊었을 때와 다른 행동을 할 수도 있습니다. 그렇기 때문에 생각지도 못한 곳에서 발이 미끄러지거나 넘어지는 등 실내에서 사고가 일어나기 쉽습니다. 낮은 높이라도 노견에게는 큰 장해물이 될 수 있으니 사고를 방지하고 가능한 한 쾌적한 공간이 될 수 있도록 공을 들입시다.

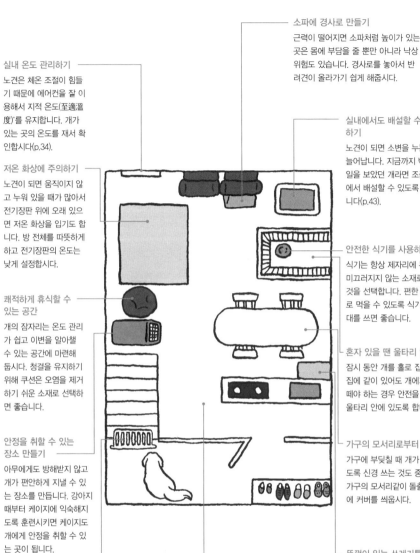

소파에 경사로 만들기

근력이 떨어지면 소파처럼 높이가 있는 곳은 몸에 부담을 줄 뿐만 아니라 낙상 위험도 있습니다. 경사로를 놓아서 반려견이 올라가기 쉽게 해줍시다.

실내 온도 관리하기

노견은 체온 조절이 힘들기 때문에 에어컨을 잘 이용해서 지적 온도(至適溫度)를 유지합니다. 개가 있는 곳의 온도를 재서 확인합시다(p.34).

실내에서도 배설할 수 있도록 하기

노견이 되면 소변을 누는 횟수가 늘어납니다. 지금까지 밖에서 볼일을 보았던 개라면 조금씩 실내에서 배설할 수 있도록 훈련시킵니다(p.43).

저온 화상에 주의하기

노견이 되면 움직이지 않고 누워 있을 때가 많아서 전기장판 위에 오래 있으면 저온 화상을 입기도 합니다. 방 전체를 따뜻하게 하고 전기장판의 온도는 낮게 설정합니다.

안전한 식기를 사용하기

식기는 항상 제자리에 두고 미끄러지지 않는 소재로 된 것을 선택합니다. 편한 자세로 먹을 수 있도록 식기 받침대를 쓰면 좋습니다.

쾌적하게 휴식할 수 있는 공간

개의 잠자리는 온도 관리가 쉽고 이변을 알아챌 수 있는 공간에 마련해 둡시다. 청결을 유지하기 위해 쿠션은 오염을 제거하기 쉬운 소재로 선택하면 좋습니다.

혼자 있을 땐 울타리 안에 두기

잠시 동안 개를 홀로 집에 둘 때나 집에 같이 있어도 개에게서 눈을 떼야 하는 경우 안전을 위해 개를 울타리 안에 있도록 합니다.

안정을 취할 수 있는 장소 만들기

아무에게도 방해받지 않고 개가 편안하게 지낼 수 있는 장소를 만듭니다. 강아지 때부터 케이지에 익숙해지도록 훈련시키면 케이지도 개에게 안정을 취할 수 있는 곳이 됩니다.

가구의 모서리로부터 보호하기

가구에 부딪칠 때 개가 다치지 않도록 신경 쓰는 것도 중요합니다. 가구의 모서리같이 돌출된 부분에 커버를 씌웁시다.

계단에는 울타리를 두어 출입을 금지하기

개가 젊으면 계단을 쉽게 오르내릴 수 있지만 나이가 들어 근력이 떨어지면 사고가 발생할 위험이 있습니다. 계단 앞에 울타리를 두어 계단에 오르지 않도록 합니다.

미끄럽지 않은 소재로 바닥 깔기

다리와 허리에 부담을 주지 않기 위해 바닥에 코르크나 쿠션 소재를 깔아서 개가 미끄러지지 않도록 합니다. 끝부분에 고리 형태가 달린 카펫은 개의 발톱에 걸리기 쉬우므로 피합니다.

뚜껑이 있는 쓰레기통을 사용하기

치매 때문에 지금까지 하지 않았던 행동을 할 가능성이 있습니다. 쓰레기통 속 음식물을 잘못 먹지 않도록 쓰레기통은 뚜껑이 있는 것을 씁니다.

* 덥지도 춥지도 않은 온도.

계절마다 달라지는 몸 상태 관리

개에게 쾌적한 온도는 사람이 쾌적하다고 느끼는 온도보다 조금 낮습니다. 개는 사람의 감각과 다르다는 점을 이해하는 것이 중요합니다.

무슨 일 있었어?

노견의 체온 변화를 관찰해서 온도를 조절해주자

냉·난방기를 잘 이용해서 더운 여름과 추운 겨울에 대비합시다. 개는 나이가 들면 체온 조절 기능이 떨어집니다. 여름에는 25~26도 정도, 겨울에는 22~23도 정도를 기준으로 온도를 조정해줍시다. 냉·난방기로 이렇게 온도 설정을 한다고 해서 방 전체가 바로 적정한 온도가 되는 것은 아니므로 평상시 개가 머무는 곳에 온도계를 놓고 온도를 확인하는 것이 중요합니다. 또 건조한 겨울엔 습도에 주의해야 하니 가습기를 놓아서 습도를 50퍼센트 정도로 유지합시다.

목욕할 때 주의할 점

목욕할 때 수온은 32~33도로 맞춥니다. 손톱을 세워서 반려견을 빡빡 씻기지 말고 손가락 끝으로 안마하듯이 씻겨줍시다.

어질어질한데?

1
열중증의 70퍼센트는 집에서 발생한다.

열중증은 여름에만 걸리는 것이 아니라 겨울 난방이나 목욕 도중에 걸리기도 합니다. 또한 호흡기관에 병이 있으면 열중증이 발병하기 쉽습니다. 반려견이 생활하는 환경의 온도와 습도에 세심한 주의를 기울입시다.

2
겨울엔 저온 화상 신경 쓰기.

개는 사람의 피부 구조와 다르게 털가죽이 있기 때문에 저온 화상을 입어도 주인이 알아채기 어렵습니다. 만약 화상 자국을 발견하면 환부를 물로 식히고 바로 동물병원으로 갑시다.

쿨 쿨 쿨

집을 비울 때

더운 날에 어쩔 수 없이 집을 비워야 할 경우 커튼을 치고 에어컨을 틀어서 실내 온도가 올라가지 않도록 합니다.

전기장판은 '반만' 깔기

전기장판은 울타리 전체에 깔지 않고 반만 깔아둡시다. 그래야 개가 더울 때 다른 곳으로 이동할 수 있습니다.

내 집에 어서 오시게.

3
바깥에서 살던 개도 여름과 겨울엔 실내에 들여놓기.

노화와 병으로 체력이 약해진 개는 여름과 겨울의 바깥 기온을 매우 힘들어합니다. 바깥에서 반려견을 키우더라도 여름과 겨울에는 냉·난방기로 온도 관리를 할 수 있는 실내로 반려견을 들여놓습니다.

바깥 환경에 대한 부담 줄이기

바깥에서 살던 개도 여름이나 겨울엔 더위와 추위를 피할 수 있는 현관 같은 곳에서 지내게 합니다. 더위와 추위에 대한 반려견의 부담이 줄어듭니다.

식사 준비에 정성을 들여 건강 관리하기

노견이 먹기 좋도록 식사에 수분량을 늘리거나 건강식으로 식사를 준비합시다.

노견의 몸 상태에 맞춰 식사를 준비하자

식사 횟수를 늘리고 한번에 먹는 양을 적게 하여 위장에 주는 부담을 줄입시다. 이러한 식사 관리 방법은 노견에게 여러 가지 효용이 있습니다. 식사를 소량으로 여러 번 먹이면 소화 기능이 둔해져서 한번에 많이 먹을 수 없는 개도 먹어야 할 음식을 다 먹을 수 있기 때문에 필요한 영양을 모두 섭취할 수 있습니다. 또한 식사 횟수를 늘리면 한번에 흡수하는 칼로리가 낮아져서 비만도 예방됩니다.

위장병 예방하기

레트리버 종이나 세인트 버나드 같은 대형견, 닥스훈트 등은 나이가 들면 위확장이나 위염전의 위험이 높아집니다. 이와 같은 병도 식사를 적은 양으로 나눠서 먹이면 예방할 수 있습니다.

 AM 7:30

 AM 10:00

 PM 2:00 PM 5:00 PM 8:00

1

하루에 3~5회로 식사 나눠 주기.

식사는 하루 3~5회 소량으로 나눠서 먹입시다. 개는 나이가 들면 타액 분비가 줄어 음식을 삼키는 힘이 떨어지게 됩니다. 음식을 넘기기 쉽게 해주려면 같은 양의 물을 섞어 불려서 주는 방법도 좋습니다.

2

식사 반침대와 매트를 사용한다.

식사하는 속도가 느려지면 편한 자세로 먹을 수 있도록 받침대를 준비합시다. 노견이라도 목과 하체의 부담이 줄어들어 쉽게 먹을 수 있습니다. 받침대 높이는 반려견이 일어섰을 때 목을 조금 낮춘 자세로 먹을 수 있도록 조정합니다. 식사를 할 때 발이 미끄러지면 매트를 깝니다.

 맛있네.

식사 받침대의 적당한 기준

식사 받침대는 브랜드에 따라 크기나 소재가 다릅니다. 반려견의 종류와 크기를 생각해 잘 골라야 합니다.

3

식욕이 떨어지거나 음식을 못 삼킨다.

식욕이 떨어지면 개는 음식 먹는 것을 싫어하게 됩니다. 그런 상태가 되면 식사를 도와줍니다. 음식을 삼키지 못할 때엔 물에 음식을 불려서 튜브 용기에 넣고 먹여줍시다.

용기 선택

전용 주사기를 사용해도 되지만 부드러운 튜브 용기도 입구가 크기 때문에 유동식을 넣어서 사용하기 편합니다.

평상시 식사보다 더 신경 쓰기

하루에 섭취해야 할 칼로리의 80퍼센트는 사료로 주고 나머지 20퍼센트는 식사를 즐길 수 있는
식재료로 채워줍니다.

쏜살같이 냠냠.

식사의 즐거움을 느끼게 해주자

개는 원래 사냥한 고기나 뼈를 잘게 부숴서 식사를 합니다. 반려견의 이빨이 튼튼하고 식욕
이 왕성하다면 가끔은 씹는 맛이 있는 걸로 식사를 줍시다. 시간을 들여서 씹도록 하면 만족
감을 줄 수 있습니다.

병이 들거나 노화 때문에 먹는 힘이 쇠약해진 개는 씹지 않고 삼킬 수 있는 작고 부드러운 음
식을 줘야 합니다. 식사를 데워서 더 맛있게 해주면 개의 식욕을 왕성하게 할 수 있습니다.
개가 식사를 즐길 수 있도록 공을 들입시다.

고기나 생선을 조리하기

고기는 한입 크기로 잘라 속까지 완전히 익도록 살짝 물을 많이 넣고 삶습니다. 사료 위에 얹어서 주고 남은 것은 냉동해서 보관합시다. 생선은 익힌 후에 뼈를 바르거나 압력솥에서 푹 익힙니다.

보글보글 끓는 걸 보니 침이 나오네!

1

고기나 생선으로 단백질 보충하기.

노견에게는 양질의 단백질이 필요합니다. 가끔 하루에 섭취할 칼로리의 20퍼센트 정도는 닭 가슴살이나 붉은 고기로 채워줍시다. 국물과 함께 사료에 얹어서 주면 잘 먹습니다.

2

야채는 잘게 썰어서 주기.

개는 야채를 잘 소화시키지 못하기 때문에 야채를 줄 때에는 잘게 썬 후 뭉개질 정도로 삶아서 줍시다. 야채를 갈아서 걸쭉하게 만들어 주는 것도 추천합니다. 조금씩 야채를 먹이면 비타민과 미네랄 섭취에 도움이 됩니다.

어질어질하다~

관절 건강도 챙기기

참마, 아욱에는 관절에 좋은 성분이 들어 있습니다. 삶아서 잘게 썬 아욱과 갈은 마를 함께 섞습니다. 이걸 사료에 얹어 주면 반려견의 관절에 좋은 영양식이 됩니다.

3

체중을 유지하면서 동시에 먹는 즐거움 채우기.

몸 상태가 좋지 않은 개는 사료를 먹을 수 없게 되어 여위기도 합니다. 주인이 직접 만든 음식으로 식사 방법을 바꾸어 영양 밸런스와 동시에 먹는 즐거움을 챙깁시다.

죽 상태로 만들어서 먹기 쉽게 하기

주사위 크기로 삶은 두부에 달걀을 풀어 넣은 죽을 사료에 얹어 줍니다. 음식이 무른 상태여서 노견이 먹기 쉽습니다.

신선한 물을 마시게 하자

식사와 마찬가지로 수분 섭취도 노견에게는 필수입니다. 개가 언제나 물을 마실 수 있도록 준비합시다.

탈수가 되기 쉬운 노견은 물을 조금씩 나눠 마시게 하자

노견은 신장 기능이 떨어져서 수분을 유지하는 능력이 부족하기 때문에 탈수가 되기 쉽습니다. 개가 한번에 체내에 흡수할 수 있는 수분량은 같은 체중의 사람과 비교하면 약 3분의 1 정도로 적습니다. 물 마시는 양이 줄어들지 않았는지 늘 신경을 써줍니다. 한번에 마시는 양이 너무 많으면 대변이 물러지기 때문에 식사와 마찬가지로 조금씩 나눠서 물을 주는 게 좋습니다. 개가 물을 마시는 양은 운동량이나 바깥 온도에 따라 크게 좌우됩니다. 그 날의 상황에 맞춰서 조절합시다.

1

물을 마시게 하는 요령.

노견은 움직이는 것을 귀찮아하는 경향이 있습니다. 그렇기 때문에 물을 적게 마시기도 합니다. 개가 생활하는 장소 근처에 물그릇이나 급수기를 두어 개가 쉽게 물을 마실 수 있도록 합시다.

급수기도 좋음
물그릇과 달리 급수기는 울타리에 걸어둘 수도 있고 반려견이 마신 물의 양을 재기도 편합니다.

2

스스로의 힘으로 마실 수 없는 경우 스포이트 사용하기.

물을 스스로 마실 수 없는 개는 스포이트, 주사기, 튜브 용기를 이용하여 줍니다. 엎드린 자세 혹은 옆으로 누운 자세로 만들어 목을 받친 후 스포이트 끝을 입속에 넣어 천천히 마시게 합시다.

규칙적으로 마시기
반려견 스스로 물을 마실 수 없을 경우 아침, 식사 후, 낮잠 후 등 규칙적으로 정해놓은 시간에 물을 마시게 합시다.

3

조미한 물로 섭취량 지키기.

물 마시는 양이 줄어들 때엔 지방분이 적은 고기 삶은 물, 우유를 조금 섞은 물을 줍시다. 식사를 죽 같은 상태로 만들어서 수분 섭취를 늘리는 방법도 있습니다.

입안이 건조한 노견
타액 분비량이 감소하면 입안이 건조해지고 먹이를 삼키기가 힘들어집니다.

배설 활동 돕기

배설물의 상태나 배설하는 횟수가 평상시와 다르다고 느껴지면 빨리 동물병원에서 진찰을 받읍시다.

배설물의 상태로 건강 확인하자

배설물의 '굳기' '색' '냄새'를 잘 관찰해둡니다. 배설물은 먹이와 운동량에 따라 차이가 생깁니다. 운동량이 적어지면 장운동도 약해지기 때문에 변비가 생기기 쉽습니다. 변비에 걸렸을 경우 적극적으로 수분을 섭취하게 합니다. 개의 건강 상태를 파악하기 위해서 배설물을 체크하는 것은 중요한 일입니다.

배설할 때 상태를 잘 보고 있다가 반려견이 버티기 힘들어하면 주인이 몸을 받쳐줍시다.

주인님이 도와주니까 안심이 된다.

1
일어설 때 도와주기.

하체가 약해지면 자기 힘으로 일어나는 것을 힘들어합니다. 몸을 양손으로 단단하게 지탱하여 반려견이 일어설 수 있도록 주인이 도와줍시다.

허리를 뒤에서 지탱해주기
주인이 배설 활동을 도와줄 때엔 개의 허리를 뒤에서 지탱합니다. 개가 배설을 참지 않도록 주의합시다.

2
배뇨 상태 확인하기.

반려견이 소변을 누면 배변판의 '색'과 '냄새'를 잘 관찰합시다. 바깥에서 소변을 볼 때에는 하얀 휴지를 얹어보면 색깔을 알 수 있습니다.

그럼 누울까나.

소변 색깔의 기준
소변 색깔이 옅은 노란색이라면 건강하다는 신호입니다. 소변 색깔이 주황색이나 빨간색, 갈색이라면 여러 가지 병을 의심해볼 수 있습니다. 소변과 대변의 색깔은 p.74~77을 참고하여 체크합시다.

3
배변판에 볼일 보는 습관 들이기.

나이가 들면 소변을 보는 횟수가 늘기 때문에 바깥에 나가기 전, 미리 집에서 볼일을 보게 합니다. 반려견이 배변판에 익숙해지도록 배변판에 소변 냄새를 문혀봅시다.

잘 도와주고 있어요!

쉬~

털썩

인공 잔디로 배설 훈련하기
땅바닥과 감촉이 비슷한 인공 잔디를 배변판 위에 덮으면 반려견이 배변판 위에서 익숙하게 볼일을 볼 수 있습니다(p.92).

목욕으로 청결하게 건강 관리하기

피부 상태가 나빠지지 않았다면 젊었을 때 쓰던 것과 같은 샴푸를 써도 됩니다. 샴푸는 향기가 강하지 않은 것으로 선택합니다.

소중한 스킨십으로 이변을 알아채자

온몸을 씻기는 것은 피부병이 있을 때를 빼고 한 달에 1~2번 정도가 바람직합니다. 개의 피부는 사람보다 예민합니다. 너무 자주 씻으면 오히려 필요한 기름기가 사라져 피부가 거칠어지는 원인이 됩니다. 피부병이 있는 경우엔 수의사와 상담하여 지시에 따릅시다.

반려견의 털이 긴 경우 샴푸로 씻기기 전에 반드시 뭉친 털을 제거하는 것이 중요합니다.

하체가 약한 개라면 목욕 도중 발이 미끄러지지 않도록 주의합시다.

손질을 게을리 할 수 없는
이중모 개

이중모란 속 털과 겉 털 두 종류로 나는 털
을 말합니다. 주로 시바견, 골든 레트리버,
치와와, 코기 같은 종류가 이중모입니다.

찰랑거린다!

1
빗질로 건강한 피모 만들기.

털이 이중모로 나는 개는 나이를
먹으면 털갈이 때 빠진 털이 피부
에 남아 있는 경우가 많습니다.
빗질은 건강한 피모를 유지하는
데 도움이 됩니다. '고무 브러시'는
마사지 효과가 있지만 피모를 빠
지게 하고, 뾰족한 '슬리커 브러시'
는 익숙하지 않으면 피부를 다치
게 할 수도 있습니다. 수의사와 상
담하여 반려견의 피모에 맞는 브
러시를 선택합시다. 빗질을 해주
면 몸 표면의 종양을 발견하는 데
도움이 됩니다(p.94).

2
개에게 부담을 주지 않도록 더운물과 드라이어 신경 쓰기.

개의 피부는 사람과 비교했을 때
더 예민합니다. 수온은 사람이
적당하다고 느끼는 것보다 살짝
낮은 32~33도로 맞춥니다. 털을
말리는 드라이어도 중간 온도로
설정하여 사용합시다.

악!!

미안!

청결이 우선
정기적으로 씻기고 빗질을 해줘서 피부와 구강을
돌봅시다. 병원균 감염을 예방하는 데 효과적입니다.

물 온도 좋다.

3
몸 상태에 따라 부분적으로 씻기기.

체력이 떨어진 개는 목욕하는 것
도 부담이 될 수 있습니다. 그럴
때에는 엉덩이 주변과 같이 더러
워지기 쉬운 곳을 꼼꼼하게 부분
세척합니다.

바닥에 매트 깔기
목욕할 때 욕실 바닥에서 미끄러지
기 쉽습니다. 배스 매트를 깔아두면
안심할 수 있습니다.

건강을 지키기 위한 기본적인 손질

1
수건으로 닦아주면서 돌보기.

반려견이 병을 앓고 있어서 씻는 게 어려울 경우 수건을
따뜻한 물에 적셔 오염을 제거해줍니다. 수건으로 닦을
때 반려견에게 무리기 끼지 않는 자세를 유지합시다.
또 닦기 전에 반드시 빗질을 해줍시다.

코와 입, 항문과 같은 부위는 특히 더러
워지기 쉽고 예민하기 때문에 워터리스
샴푸를 사용하는 게 좋습니다.

싹싹 닦아서
깨끗해지니까
기분이 좋아.

2
산책하는 시간이 줄면 발톱
깎아주기.

나이가 들어 걷는 시간이 줄어들면
발톱이 쉽게 자랍니다. 발톱이 길면
어딘가에 걸려 상처가 발생할 수 있습
니다. 발바닥 털도 자라면 발이 미끄러
지기 쉽기 때문에 잘 깎아줘야 합니다.
대형견의 경우 발톱 깎기를 싫어한다
면 두 사람이 함께 자르도록 합니다.

너무 짧게
깎지 마세요.

혈관·신경

이 부분에서 자르기

반드시
자른다

며느리발톱

'며느리발톱'(사람의 엄지와 비슷함) 자르기

털 안쪽에 나 있는 '며느리발톱'도 자릅
시다. 이 발톱은 자연스럽게 닳지 않기
때문에 반드시 잘라야 합니다.

3
항문낭을 짜서 분비물
내보내기.

자세히
쳐다보지 마요.

몸을 움직일 기회가 줄면 항문낭
에 분비물이 고이기 쉽습니다.
정기적으로 반려견의 항문낭을
짜줍시다. 항문이나 피모에 분비
물이 묻지 않도록 휴지로 감싸서
짭니다. 잘 못하겠으면 동물병원
에 부탁합니다.

반려견을 세워 꼬리를 들어올린 뒤
휴지로 감싼 엄지와 집게손가락으로
시계 방향 4시 8시 사이를 잡고 밑
에서부터 문지르면서 짭니다.

얼굴은 언제나 청결하게

1
칫솔질에 익숙하게 만들기.

어렸을 때부터 습관을 들이는 것이 중요합니다. 먼저 입 주변에 손을 대는 것에 반려견이 익숙해지도록 만듭니다. 다음으로 거즈를 감은 손가락으로 이를 닦습니다. 이 단계가 자연스러워지면 칫솔을 사용합시다.

이빨에 이물질이 남은 채로 사흘이 지나면 치석이 됩니다. 치석은 한번 생기면 칫솔질로 제거할 수 없습니다. 따라서 매일 반려견의 이빨을 닦아줍시다.

2
귀를 깨끗하게 하기.

케어 전에 귀 안쪽을 체크합니다. 강한 악취가 나거나 진물이 흐르는 등 귀에 이상이 있으면 케어를 중단하고 수의사에게 상담합시다.

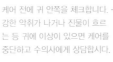

미지근한 귀 세정액을 거즈에 적신 다음 손가락에 말아 귓속을 깨끗하게 닦아줍니다. 면봉으로 닦으면 이물질을 귓속으로 밀어 넣을 가능성이 있기 때문에 면봉은 쓰지 않습니다.

3
눈과 눈 주변의 이물질 제거하기.

자고 일어나면 눈곱이 많이 끼기 쉽습니다. 산책 중에도 바람이 불면 눈물이 나오기 때문에 눈이 더러워집니다. 수건이나 물티슈로 눈곱이 끼기 전에 반려견의 눈 주변을 깨끗하게 닦아줍니다.

눈의 흰자위 충혈이나 황달, 검은자위에 탁한 부분을 발견할 경우 병일 가능성이 있으니 동물병원에 데려갑시다.

산책은 개의 페이스에 맞추기

적당한 산책은 개의 스트레스를 줄여주고 노화 진행을 조금이라도 늦추게 합니다.

타박타박 천천히 돌자.

무리하지 않는 산책으로 신체 기능을 유지해주자

자기 힘으로 걸을 수 있는 노견이라면 개의 상태에 맞춰 산책을 시킵시다. 젊은 시절과 달리 나이가 들면 근력이 떨어지고 하체도 약해집니다. 그동안 1시간씩 하루에 2회 산책을 했다면 30분씩 4회로 산책하는 횟수를 늘리는 대신 걷는 시간을 짧게 해주세요. 바깥에 나가서 산책을 하면 기분 전환과 운동이 될 뿐만 아니라 뇌에 적당한 자극을 줄 수도 있습니다. 반려견이 달릴 수 있다면 조금이라도 함께 뛰어봅니다. 안 된다면 천천히 걷게 하세요. 결코 무리하지 않는 것이 중요합니다.

아~ 바로 꺼야.

1
산책 전에 준비 운동하기.

개는 나이가 들면 관절이 굳어지기 때문에
갑자기 산책할 경우 몸에 부담을 느낍니다.
산책 전에는 개가 싫어하지 않는 범위에서
사지를 천천히 늘여 스트레칭을 해줍니다.

산책으로 생활 리듬 지키기
낮에는 산책으로 운동을 시키고 밤에는 산책 후 푹
잘 수 있도록 습관을 들여서 규칙적인 생활 리듬을
지키도록 합시다.

2
걸음걸이나
호흡에 신경 쓰기.

관절염 때문에 통증이 있거나 심폐
기능이 떨어졌을 때 개는 걸음걸이에
변화를 보이거나 호흡을 힘들어하는
등 평소와 다른 모습을 보입니다.
산책 중엔 항상 반려견의 상태를 잘
봐둡니다.

이제 집에 가자.

안전한 곳에서 걷게 하기
걸음걸이가 불안정해지면 공원같이 안전한
장소까지 카트에 태우거나 안고 데려갑시다.

3
산책 중에 걸음을
멈출 경우.

통증이 생기거나 걷다가
힘들어서 반려견이 움직이지
않는다면 무리해서 걷게 하
지 말고 바로 안아서 집으로
갑시다. 병일 가능성도 있으
니 동물병원에서 진찰을 받
읍시다.

괜찮아

**급성기 반응이
나타날 땐 안정시키기**
주인이 모르는 사이에
관절염 증세가 나타나기
도 합니다. 급성기 반응
이 나타나면 반려견을
안정시킨 후 수의사의
지시에 따라 운동을
시작합시다.

미안해······

걷지 못한다면 적절한 운동으로 신체 기능 유지하기

개는 아프면 운동을 기피합니다. 실내에서 개가 일어서 있는 동안 바닥에서 미끄러지지 않도록 조치를 미리 취합시다.

내년에도 같이 봐요.

걷지 못하더라도 바깥에 데리고 나가 자극을 접하게 하자

개가 걷는 것을 힘들어해도 일어서는 것이 가능하다면 일어설 수 있는 근력을 유지해줘야 합니다. 반려견이 걷는 것을 힘들어하더라도 가능한 한 바깥에 데리고 나갑니다. 개가 걷지 못해도 바깥으로 나가는 것은 여러 가지 의미가 있습니다. 왜냐하면 개한테 계절마다 다른 바람이나 냄새를 느끼는 일, 다른 개와 만나는 일, 햇볕을 쬐는 일은 중요하기 때문입니다.
바깥에 나가면 좋아하는 표정을 짓는 개도 많습니다. 개의 상태에 맞춰 외출할 수 있도록 배려합시다.

병 때문에 몸져눕지 않도록 노력하기

짧은 시간이라도 걷게 합시다. 일어서는 것만으로도 반려견이 몸져눕지 않게 하는 효과가 있습니다. 산책을 간다면 개가 걷는 페이스에 맞춰서 천천히 걸읍시다.

느리지만 많이 걸을 수 있을 것 같아.

1
보조 도구 사용하기.

개의 몸과 뒷다리를 지탱해주는 보조 도구에는 휠체어와 워킹 벨트가 있습니다. 개 전용 휠체어를 이용할 땐 몸에 맞는 것을 선택하고 사용시 수의사와 상담합시다. 개의 종류와 크기에 따라 10~30만 원 정도면 휠체어를 구입할 수 있습니다.

2
집에서 운동하기.

두꺼운 수건을 깔고 경사를 만듭니다. 그 위로 제자리걸음을 시켜서 근력을 단련할 수 있습니다. 개의 상태에 따라 다리를 지탱해서 보조해줍시다.

따뜻해서 산책하기 좋네.

애견용 카트는 적당한 크기로 고르기

개가 좋아하는 장소로 갈 때는 애견용 카트를 이용하고 목적지에 도착하면 개를 잔디나 바닥에 내려놓고 느긋하게 시간을 보내게 합니다. 안전을 위해 상부를 닫을 수 있는 모양을 추천합니다. 견종과 크기에 따라 10~20만 원 정도면 구입 가능합니다.

내일은 근육통이 오려나.

3
전문가의 지도를 받아 밸런스 볼 도입하기.

근육량 유지를 위해 밸런스 볼*이나 밸런스 디스크를 사용하는 방법이 있습니다. 심장에 부담을 적게 주기 때문에 노견도 안심하면서 사용할 수 있습니다.

운동 기구의 종류

밸런스 디스크 외에도 중앙에 구멍이 뚫린 도넛 볼, 달걀 모양의 운동 기구 등이 있습니다. 기구마다 특징이 있기 때문에 전문가의 이야기를 듣고 선택합시다.

* 근육을 키우기 위한 목적으로 사용하는 운동 기구.

집에 혼자 두기 전에는 철저하게 준비하기

스스로 움직일 수 있고 배설과 식사를 해결할 수 있는 개는 1박 2일까지 혼자 두는 것이 가능합니다. 그렇더라도 집을 비울 때는 반려견의 상태를 잘 아는 수의사와 상담해서 결정합시다.

빨리 돌아와야 해.

집에 돌아오면 반드시 개의 상태를 체크하자

개가 혼자 집을 볼 때 사고가 없도록 안전한 환경을 갖춥시다. 어쩔 수 없이 용무가 생겨서 반려견을 집에 홀로 둬야 할 때가 있습니다. 개가 스스로 움직일 수 있다면 집에 혼자 있는 동안 무슨 일이 벌어질지 알 수 없습니다. 노견이 되면 자기도 모르게 위험한 음식을 잘못 먹을 수도 있습니다. 하체가 약해진 상태라면 미끄러져서 넘어지거나 경사가 있는 곳에서 떨어지는 등 여러 가지 위험이 발생할 수도 있습니다. 집에 돌아온 후에는 배설물과 몸을 살펴보고 이상이 없는지 주의해서 체크합시다.

1
물과 식사 준비하기.

혼자 있을 때 개가 잘못해서 엎어 버리지 않도록 물과 식사는 뒤집기 어려운 용기에 넣어둡니다. 집에 돌아온 후에는 물과 식사를 어느 정도 섭취했는지 확인하세요.

여름철 물 부족에 주의하기
여름에는 물이 부족하면 탈수 증세를 일으킬 수 있습니다. 평소 마시는 물의 양보다 조금 더 많이 준비한 후 집을 나갑시다.

2
온도 관리가 중요하다.

냉난방을 잘 관리하여 개가 지내는 곳을 적당한 온도로 맞춥시다(p.34). 개의 입장에서 생각하는 것이 중요합니다.

잠자리가 있는 곳을 고려하기
혼자 둘 때뿐만 아니라 반려견이 잠을 자는 곳에는 에어컨 바람이 직접 닿지 않도록 해야 합니다.

잊지 말고 최종적으로 확인하기
외출하기 30분 전에 에어컨 전원을 켜서 미리 온도 변화를 확인한 후 냉방을 설정합시다.

요양시설도 검토하기
개의 상태나 주인의 생활에 따라 요양시설에 맡기는 것도 검토해봅시다(p.55).

3
울타리 쳐서 사고 방지하기.

근력이 떨어지거나 치매가 발병하면 방 귀퉁이의 작은 공간으로 들어가서 혼자 못 나올 수도 있습니다. 집을 비울 때 사고를 방지하기 위해 반려견을 울타리 안에 넣어둡시다.

간병이 필요한 개를 혼자 둘 때

1
장시간의 외출은 삼가기.

간호가 필요한 개는 몸 상태가 언제 변할지 알 수가 없습니다. 가능한 한 필요 없는 외출은 피하도록 합니다. 혼자 두는 시간은 짧을수록 좋습니다.

힝

나를 두고 나가지 마요.

개의 상태를 잘 아는 단골 수의사와 상담해봅시다. 용무를 보는 동안 반려견을 돌봐주는 병원도 있습니다.

2
1박 이상 집을 비울 경우 가족끼리 분담하거나 펫시터에게 부탁하기.

가족과 함께 살고 있다면 집을 비울 때 반려견 돌보는 일을 가족과 분담합시다. 혼자 산다면 경험이 풍부한 펫시터에게 부탁하는 방법도 있습니다.

처음 보는 사람인데요?

펫시터 고용비는 대체로 1회당 1~3만 원 정도입니다. 물론 반려견의 수, 반려견을 돌보는 시간, 돌봐주는 범위에 따라 비용이 달라집니다.

3
CCTV로 지켜보기.

집 안에 카메라를 설치한 후 외출한 곳에서 스마트폰으로 방을 확인하는 방법도 있습니다. 짧은 시간 동안 집을 비우더라도 개의 상태를 언제나 확인할 수 있어서 안심이 됩니다.

동영상이나 정지 화면 등 카메라에 따라 성능의 차이가 있습니다. 시점이 고정된 카메라뿐만 아니라 원격 조작으로 시점을 바꿀 수 있는 카메라도 있습니다.

쿨 쿨 쿨

요양시설이라는 선택지

1
일과 중에는 동물병원에 맡기기.

업무 시간에 개를 정기적으로 맡아주는 동물병원도 있습니다. 혼자 사는 직장인의 경우 생활 패턴에 맞추어 동물병원에 맡기는 방향을 고려해봅시다.

짧은 시간 동안 이용이 가능한 병원도 있습니다. 병원 홈페이지나 수의사를 통해 확인합시다.

선생님 잘 부탁드려요.

인생 살다 보면 이런저런 일이 있지.

노견 요양시설 중에는 접근하기 쉽고 면회가 쉬운 반면 수용할 수 있는 마릿수가 적은 도심형과 교통편은 나쁘지만 수용 마릿수가 많고 운동장 시설이 잘 마련되어 있는 교외형이 있습니다.

2
노견 요양시설이라는 선택지.

일본에는 무슨 수를 써도 반려견을 돌보기 힘든 주인을 대신해서 일상적인 간호를 해주는 '노견 요양시설'도 있습니다. 이 또한 견종이나 치료비, 지역에 따라 가격 차이가 있어 시설 방침이나 비용 등을 신중하게 확인하고 판단해야 합니다.

주인의 입주비 외에 동물 관리비나 식사비, 의료비 등이 필요한 요양시설도 있습니다. 시설에 따라 차이가 있으니 잘 문의해봅시다.

3
개와 함께 입주할 수 있는 노인 요양시설.

주인이 요양시설에 들어가야 할 경우 반려견도 함께 입주할 수 있는 노인 요양시설을 고려해봅시다. 개의 크기와 상태 등 조건에 따라 입주 허가가 결정되기 때문에 잘 확인합시다.

같이 있을 수 있어.

COLUMN 2.

노견의 몸에 맞춘
식재료

식생활은 건강과 수명에 큰 영향을 줍니다. 반려견의 나이와 몸 상태에 맞춘 식재료를 사용합시다. 그중에서도 4가지의 효과를 가진 식재료를 추천합니다.

① 근육량 유지를 위해 양질의 단백질이 들어 있는 고기, 생선, 달걀을 줍니다.
② 관절통을 예방하고 연골을 형성하는 글루코사민은 갑각류의 껍질에, 콘드로이틴황산은 도가니나 건해초에 들어 있습니다. 소화가 잘되도록 식재료를 잘게 부수거나 썰어서 줍시다.
③ 장운동에 좋은 섬유질을 챙깁시다. 섬유질 섭취를 위해 야채류나 감자류를 추천합니다. 장내 환경도 건강하게 유지할 수 있습니다.
④ 체내 염증을 억제하고 뇌 활성화를 촉진시키기 위해 불포화 지방산이 포함된 고등어, 참치, 가다랑어를 줍시다.

비만 예방을 위해서는 칼로리 섭취와 칼로리 소비의 밸런스가 중요합니다. 고단백질 저지방인 닭 가슴살이나 지방 연소 작용이 큰 양고기, 섬유질이 풍부한 버섯류, 장을 깨끗하게 하는 두부 등은 섭취하기에 좋은 식재료입니다. 건강하고 맛있는 식사를 만들어줍시다.

제3장

행동에서 병을 읽어내는 법

진찰이 필요한 신호 ①
힘이 없다

천천히 진행되는 몸의 변화는 자연스러운 노화 때문이라고 생각하기 쉽습니다. 평소와 다른 모습을 보이면 바로 동물병원으로 가세요.

매일 주의 깊게 관찰하여 병을 초기 단계에서 발견하자

힘이 점점 없어진다면 이는 여러 질병의 초기 단계 신호입니다. 반려견은 시력이 떨어지거나 실명하게 되면 무서워서 움직이는 걸 꺼려합니다. 눈, 복부, 관절 등에 통증이 생기면 그 부위를 감싸는 자세로 굳어 있기도 합니다. 그 외에 힘이 없는 것은 뇌 질환의 신호 중 하나입니다. 이러한 신호를 알아채는 것은 평상시 반려견의 상태를 잘 알고 있는 주인뿐입니다. 식사할 때나 산책할 때 개의 모습을 잘 관찰합시다.

이제는
기운 낮았는데.

오늘은 어쩐지
몽롱한 기분이야······

1
나이 탓하지 말고 원인 생각하기.

반려견이 나이를 먹으면 침착해지거나 쇠약해지는 법이라고 단정하는 건 금물입니다. 왜냐하면 치료로 개선 가능한 병일 수도 있기 때문입니다. 평상시와 다른 모습을 발견하면 하루빨리 동물병원에서 진찰을 받읍시다.

1년에 2번은 건강 검진받기
질병의 신호는 체력이나 식욕 상태를 보고 알아채기 쉽지 않습니다. 내장이나 뼈 등 눈으로 확인하기 어려운 기관에서 발생하는 병세도 있습니다.

2
고열이나 저체온이 발생할 때.

감염증 때문에 고열이 나타나거나 부적절한 환경이 원인이 되어 저체온이 발생할 수 있습니다. 매일 반려견을 만져주기만 해도 체온을 쉽게 파악할 수 있으니 스킨십을 습관화합시다.

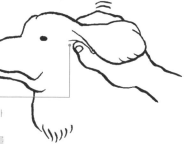

열이 있어?

귀 밑부분을 만져서 체온 재기
수의사는 체온계로 체온을 재도록 권장하긴 하지만 평소에는 털이 적은 귀 밑부분을 만져서 체온을 느껴봅시다. 매일 확인해서 체온 변화를 알아냅니다.

싫거든요.

3
걷기 싫어할 때.

추간판 탈출증이나 관절 질환의 초기 증상은 걷기 싫어한다는 것입니다. 또 권태감 때문에 움직임이 둔해지기도 합니다. 단순한 노화와 혼동하기 쉽지만 질병의 신호라는 걸 기억합시다.

나이가 들면서 늘어나는 관절 질환
유전적으로 관절 형태에 이상이 있거나 노화로 연골이 줄어들면 관절 질환 증상이 나타나기 쉽습니다.

진찰이 필요한 신호 ②
검은자위의 색이 다르다

눈물이 줄거나 눈물의 상태가 변하면 건성 각막 결막염* 증세가 생기기 쉽습니다.

검은자위 확인을 습관화하자

검은자위의 중심에 있는 동공에는 수정체가 있습니다. 수정체가 노화나 병에 의해 변성하면 시력에 영향을 끼칩니다. 수정체가 불투명한 유리처럼 탁해지면 '핵경화증'이라고 하는 증상이 나타납니다. 이는 수정체가 노화하면 발생하는 질병으로 고령자의 백발이나 노견의 하얀 털과 마찬가지로 나이가 들면서 생깁니다. 진행 속도는 비교적 완만해서 시력에 주는 영향이 적은 편입니다. 비슷한 질병으로는 '백내장'이 있습니다. 백내장은 진행 속도가 빠르기 때문에 걸렸을 경우 빨리 동물병원에 데려갑니다.

* 눈물의 감소와 관련되는 각막 결막염.

촉촉하게 해주세요.

깜빡 깜빡 깜빡

검은자위가 하얗게 흐려지는 것
검은자위의 색이 흐려졌는지 확인합시다.
하얗게 흐려졌다면 각막염의 신호입니다.
바로 동물병원에서 진찰을 받읍시다.

1
눈을 깜빡거린다.

안구 혹은 결막에 염증이 생기거나 상처가 생긴 상태입니다. 특히 노견은 눈이 건조해지기 쉽기 때문에 이런 병에 흔히 걸립니다. 눈물의 분비량이 줄어들거나 눈물의 밀도가 낮아지면 건성 각막 결막염이 발생할 수 있습니다.

2
동공이 흐려진다.

눈(雪) 결정이 퍼지듯이 동공이 하얗게 흐려졌다면 수정체에 문제가 생겨 백내장이 발병한 것입니다. 당뇨병의 영향으로 앓는 경우도 있으니 원인에 맞춰서 치료를 진행합니다. 물을 많이 마시고 소변을 많이 누거나, 많이 먹어도 살이 찌지 않는다면 당뇨병의 신호입니다.

시야가 흐리네.

눈 질병이 진행되면
눈 질병이 발병하면 눈 색깔이 변할 뿐만 아니라
시력이 나빠져서 물건에 부딪치는 일이 잦아지며
작은 소리를 전보다 무서워하게 됩니다.

3
안토시아닌으로 질병의 진행 속도 늦추기.

블루베리에 들어 있는 안토시아닌은 항산화 작용이 있어 백내장이나 핵경화증의 진행을 늦추는 데 효과가 있습니다. 영양제를 이용해도 좋습니다.

영양제 종류
항산화 물질이 들어 있는 여러 가지 약이 개를 위한 영양제로 판매되고 있습니다. 같은 성분이 함유된 사람의 영양제를 반려견에게 먹여도 되지만 그럴 경우 주요 성분 외에 어떤 성분이 들어 있는지 확인해야 합니다.

블루베리

🐾 백내장 발병이 많은 견종: 토이 푸들, 닥스훈트, 시추,
몰티즈, 미니어처슈나우저, 잭 러셀 테리어, 카발리에 킹
찰스 스패니얼, 프렌치 불도그, 비글, 레트리버 종 등.
🐾 건성 각막 결막염 발병이 많은 견종: 치와와, 시추, 미니
어처슈나우저, 퍼그 등.

진찰이 필요한 신호 ③
흰자위나 가시점막의 색이 다르다

눈을 보고 여러 가지 질병을 알 수 있습니다. 눈 질병 때문에 시력이 떨어지면 반려견이 더 이상
움직이지 않을 수도 있습니다.

까, 까꿍······.

눈 밑을 뒤집어 보고 빈혈, 황달 등의 증상을 알아채보자

개의 눈은 사람과 달라서 흰자위가 잘 안 보이는 구조입니다. 또 가시점막*인 눈의 결막도 한
번 봐서는 상태를 알 수가 없습니다. 빈혈이나 황달 등 몸 상태의 이상 신호를 알 수 있으니
평소 눈꺼풀을 뒤집어 보면서 체크하는 습관을 가집시다. 눈에 나타나는 이상은 심각한 질병
이 숨어 있다는 신호입니다. 이상을 발견하면 이미 질병이 진행되고 있는 상태일 수 있기 때
문에 바로 수의사와 상담합시다.

* 눈으로 확인해볼 수 있는 점막.

나만 봐.

1
눈꺼풀을 뒤집어서 흰자위 확인하기.

흰자위와 가시점막의 색깔은 개의 눈꺼풀을 뒤집어서 확인합니다. 흰자위의 충혈은 결막염 증상입니다. 눈으로 보고 이상을 알아챌 수 있기 때문에 정기적으로 확인합시다.

알아채기 힘든 시력 저하
개는 실명을 해도 가구 배치가 변하지 않으면 실명 전과 비슷하게 행동할 수 있습니다. 그러면 주인이 반려견의 시력 저하를 눈치채지 못하는 경우도 있습니다.

2
가시점막의 색깔이 달라졌다.

건강한 가시점막의 색깔은 분홍색입니다. 가시점막에 이상이 있을 때 발견할 수 있는 몇 가지 사항을 알아둡시다. 가시점막이 옅은 분홍을 띨 때는 빈혈, 분홍과 노랑이 섞인 색이라면 황달, 가시점막이 보라색일 때는 청색증을 의심합시다.

의심이 가는 질병
황달은 간암 증세일 수 있습니다. 또 청색증은 혈액 중의 산소 포화도가 부족한 상태로 호흡기 질환과 순환계의 이상 증세일 수 있습니다.

안압 상승 알아채기
눈꺼풀 위에서 눈을 만져보면 안압 상승 여부를 알 수 있습니다. 좌우 눈알이 다르게 튀어나온 경우 주의해야 합니다.

3
눈에서 통증을 느낀다.

반려견이 힘이 없고 눈을 아파한다면 안압이 상승하여 발병하는 녹내장의 초기 증상을 의심해봅니다. 하루빨리 동물병원에 데려가서 실명을 막을 수 있도록 합시다.

끄응……

🐾 녹내장 발병이 많은 견종: 치와와, 시추, 시바견, 비글 등.

진찰이 필요한 신호 ④
눈곱이 생긴다

담배 연기와 공원의 풀과 같이 알레르기의 원인이 되는 물질이나 눈에 자극이 되는 물질이 반려견의 근처에 있는지 살펴봅니다.

감염증에 대한 저항력이 떨어진다

눈은 일상생활 속에서 여러 가지 자극을 받습니다. 나이가 들면 개는 눈을 보호하는 능력이 떨어지게 됩니다. 감염증에 대한 저항력이 부족해져서 각막염이나 결막염 증세가 잘 나타납니다. 눈을 자주 깜빡거리거나 눈곱이 늘어나면 이와 같은 병을 의심해봅시다. 노화 때문에 스스로를 깨끗하게 유지할 수 있는 능력이 약해지면 만성적인 각막염이나 결막염 증세를 보이는 개도 많습니다. 이런 개들은 분비물이 눈 주변에 들러붙기도 하니 매일 눈 상태를 확인합시다.

눈 안쪽의 멍울
눈꺼풀 안쪽에 멍울이 생기
면 각막을 자극해서 각막염
의 원인이 되기도 합니다.
커다란 멍울은 외과 치료가
필요하니 반려견의 몸 상태
를 고려해서 수의사와 상담
합시다.

〈비정상〉　　〈정상〉

1

눈꺼풀 가장자리에 사마귀 같은 덩어리가 생긴다.

눈꺼풀 가장자리에 있는 눈꺼풀
판샘에 지방이 모이면 사마귀
형태로 부어올라서 눈곱이 많이
낄 수 있습니다.

2

눈을 못 뜬다.

눈에 자극이나 상처가 있으면 눈
을 쉽게 못 뜹니다. 상처가 자연
스럽게 낫기도 하지만 안약을 넣
으면 통증이 가라앉고 빨리 나을
수 있습니다.

보고 알아차릴 수 있는 이변
반려견이 눈을 감고 있는 시간이
길어지면 주의해야 합니다. 이런
행동을 발견하면 빨리 동물병원
으로 데려갑니다.

3

잠을 자는 동안 눈꺼풀을 감지 못한다.

시추나 퍼그, 프렌치 불도그 등
눈이 큰 개는 잘 때 눈꺼풀이 쉽게
감기지 않아서 일어날 때 눈곱이
많이 끼며 각막염이나 결막염에
걸리기 쉽습니다. 잠이 들면 유성
안약을 넣어서 예방해줍니다.

꼼꼼히 관찰하기
나이가 들면 자고 있을 때의
눈 상태도 변하게 됩니다.
신경을 쓰면서 보살핍시다.

🐾 각막염 발병이 많은 견종: 치와와, 닥스훈트, 요크셔테리어, 시추, 퍼그 등.

진찰이 필요한 신호 ⑤
콧물이 나온다

후각은 시각과 청각에 비해 천천히 약해지기 때문에 나이가 들어도 잘 작동하는 중요한 감각기관입니다. 이상한 증상이 있으면 빠르게 대처합니다.

콧물에 색깔이 있으면 병을 의심해보자

노견이 아니어도 평소에 반려견이 재채기를 자주 한다면 감염증을 의심해보고 동물병원에서 진찰을 받읍시다. 개는 코끝이 마르면 열이 납니다. 코안 점막은 콧물 때문에 좀 더 촉촉하게 유지되는데 코가 긴 견종일수록 코 안쪽의 면적이 넓어서 콧물이 많이 분비되는 경향이 있습니다. 건강한 개는 콧물이 무색투명하며 코끝이 적당하게 젖어 있습니다. 콧물 색이나 양에 따라 병을 진단할 수 있기 때문에 신경 써서 봅시다.

나만의 특기, 콧물 감추기!

콧물 알아채기
코를 핥는 행동 말고도 개의
코가 평소보다 더 젖어 있다면
콧물이 흐르는지 의심합시다.

1
코를 자주 핥는다.

감염증과 같은 질병 때문에 콧물
의 분비량이 늘면 코를 자주 핥는
개도 있습니다. 콧물이 나오는 걸
확인하는 것보다 코를 핥는 빈도
를 체크하면 질병을 더 발견하기
쉽습니다.

휴지로 체크하기
휴지를 코에 대보면 콧물의 색이나
상태를 체크할 수 있습니다.

2
불투명한 흰색 콧물이 흐른다.

반려견을 보살펴줄 때마다
콧물 색깔을 확인합시다. 만약
불투명한 흰색으로 콧물이 탁
해졌다면 감염증을 우려해야
합니다. 무색투명해도 평소보
다 콧물 양이 많으면 이 역시
주의해야 합니다.

재채기가 나와……

콧구멍 주위를 청결하게
분비물이 건조해져 코에 붙은 채로 있으면 염증
의 원인이 됩니다. 젖은 수건으로 닦아주고 콧구
멍의 청결을 유지해줍시다.

3
코가 건조하다.

나이가 들면 콧물 분비량이
줄고 콧등이 자주 마르기
쉽습니다. 때로는 열이 나서
건조할 때도 있습니다. 안심
할 수 있도록 동물병원에
가서 상담을 받읍시다.

촉촉

평상시

버석버석

막 일어났을 때

진찰이 필요한 신호 ⑥
코피가 나온다

코와 입은 얇은 뼈로 나뉘어 있습니다. 치주 질환이 코에 영향을 끼치면 코피가 흐를 수도 있습니다.

코피가 자주 난다면 심각한 상태다

사람은 작은 자극에도 코피가 나지만 개는 코피가 거의 나지 않습니다. 심각한 외상으로 코피가 터진 경우 반려견의 상태를 살펴보기만 해도 됩니다. 하지만 코피가 반복적으로 나면 큰 병을 의심해봐야 합니다. 치주 질환 때문에 코피가 나오기도 합니다. 치주 질환은 구강뿐만 아니라 반려견의 온몸에 영향을 끼치고 생활의 질을 떨어뜨립니다. 또한 종양이 원인이 되어 코에서 피가 날 수 있으니 코피를 반복해서 흘린다면 바로 동물병원에서 진찰을 받읍시다.

사진이나 동영상 찍어두기
개가 이상한 증세를 보이면 휴대
전화로 촬영해서 수의사에게 보
여주는 것도 좋습니다.

선생님,
이쪽입니다.

1
코피가 흐르는 쪽의 콧구멍 기억해두기.

코피가 흐르는 구멍은 출혈의
원인에 따라 달라집니다. 동물
병원에서 원활하게 진찰할 수
있도록 어느 쪽 구멍인지 기억
해둡시다.

코피의 원인
외상에 의해 코피가 나는 경우도
있습니다.

2
코피가 나오면 동물병원으로 가기.

코피가 자주 나는 경우 치주
질환이나 종양이 생겼다는 신
호일 수 있습니다. 이러한 질
병은 눈에 잘 안 보이기 때문에
조기에 발견하기 어렵습니다.
코피가 발생한 시점에는 이미
질병이 진행 중인 경우도 있습
니다.

아야!

3
바닥이나 가구에 묻은 코피도 놓치지 말기.

개는 코피가 흐르면 코를 핥
아버리곤 합니다. 하지만 바
닥이나 가구에 코피 흔적이
남아 있기도 합니다.
개의 상태만 보지 말고 생활
환경을 두루두루 확인합시다.

나는 몰라요.

치주 질환의 신호
치주 질환은 코피 외에도 심한 입 냄새나
이빨 변색, 침 많이 흘리기, 식욕 부진 등
의 증상으로 예측할 수 있습니다.

진찰이 필요한 신호 ⑦
물을 많이 마시고 소변을 많이 눈다

개는 운동량, 기온, 습도 등에 따라 물 마시는 양이 달라집니다. 일주일을 통틀어 살펴서 물 마시는 양의 변화를 살펴보는 게 좋습니다.

물을 많이 마시는 것은 건강한 신호가 아니다

물을 많이 마시면 건강하다고 생각하기 쉽습니다. 하지만 이러한 상태는 여러 가지 질병 증상 중 하나일 수 있습니다. 주인들 대부분은 반려견이 물을 많이 마셨기 때문에 소변을 많이 눈다고 생각합니다. 하지만 거꾸로 소변을 많이 누면 오히려 체내의 수분이 부족해지고, 이 때문에 목이 말라서 물을 많이 마실 수 있다는 점을 고려합시다. 이는 신장 기능의 저하나 당뇨병, 쿠싱 증후군* 때문에 나타나기도 합니다. 이른 시기에 발견하려면 매일 물 마시는 양과 소변 누는 양을 확인합시다.

* 부신피질 기능 항진증. 신장 상부에 있는 부신에서 호르몬이 너무 많이 분비되어 발생하는 질병으로 뇌하수체 종양이 그 원인이 되기도 함.

네~ 그럼요!

다 마셔도 돼요?

1

물 마시는 양
제한하지 않기.

물을 많이 마시고 소변을 많이
누면 체내의 수분이 부족하게
됩니다. 물 마시는 양을 제한
하지 말고 반려견이 자유롭게
마실 수 있도록 해줍시다.

집에 혼자 둘 땐 특히 물을 넉넉하게 준비하기

반려견이 혼자 집을 볼 땐 집을 비우는 시간에 따라 물의
양이나 그릇의 크기를 조절합시다.

2

신장에 생긴
질병 발견하기.

최근 신장 이상을 조기에 발견할
수 있는 새로운 검사 방법이 생겼
습니다. 검사를 해서 이상이 없더
라도 물 마시는 양이 변하는 등
신경 쓰이는 부분이 생기면 수의
사와 상담합시다.

중요하다니까.

신장

치료 방법

신장에서 이상을 발견했을 땐
이미 신장의 3분의 2가 기능하
지 못할 때가 많습니다. 치료
를 통해 나머지 기능을 유지하
도록 합시다.

탈모도 함께 확인하기

물을 많이 마시고 소변을 많이 누는 것과
함께 배가 푹 꺼지거나 좌우대칭으로 탈
모가 발견되면 쿠싱 증후군일 가능성이
있습니다. 수의사에게 바로 말할 수 있도
록 발견한 것을 기록해둡시다.

3

먼저 수의사에게
상담하기.

물을 많이 마시고 소변을 많이
눈다는 사실을 알게 되면 수의
사와 상담합시다. 주로 의심할
수 있는 질병은 당뇨병, 신장병
(p.102), 자궁 축농증(p.104),
쿠싱 증후군 등입니다. 물을 많
이 마시고 소변을 많이 누는 증
상은 갑자기 나타나기도 하고
서서히 나타나기도 합니다.

❀ 당뇨병 발병이 많은 견종: 토이 푸들, 닥스훈트, 요크셔테
리어, 시추, 잭 러셀 테리어, 레트리버 종 등.
❀ 쿠싱 증후군 발병이 많은 견종: 토이 푸들, 닥스훈트, 포메
라니안, 요크셔테리어, 시추, 잭 러셀 테리어, 비글 등.

진찰이 필요한 신호 ⑧
털이 빠진다

미용으로 털을 짧게 깎은 후에야 탈모가 있거나 털이 나지 않는 곳을 알게 될 때도 있습니다.

이게 뭐지?

감염증 의심하기

갑상선 기능 저하증* 혹은 쿠싱 증후군 의심하기

탈모도 질병의 신호이므로 털이 빠지는 상태를 체크하자

나이가 들면 피모도 약해집니다. 피모에 윤기가 사라지고 털의 양이 줄거나 흰 털이 생기며 피부에 탄력성이 없어져 건조해집니다. 이런 방식으로 쇠약해지는 것은 자연스러운 노화 과정 이지만 탈모를 동반하는 질병도 있기 때문에 진료를 받는 편이 좋습니다. 특히 좌우대칭으로 탈모가 발생하는 것은 갑상선 기능 저하증이나 쿠싱 증후군과 같은 내분비 질병 때문입니다. 한군데만 털이 빠지는 것은 감염증일 가능성이 높습니다.

* 갑상선 호르몬이 잘 분비되지 않아 기초 대사량이 떨어져 온몸에 영향을 미치는 병.

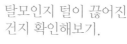

뜨, 뜯은 거 아닌데······?

1
탈모인지 털이 끊어진 건지 확인해보기.

스트레스를 받으면 개는 털을 핥거나 씹기도 합니다. 털의 뿌리가 남아 있지 않다면 탈모를 일으키는 병을 의심해보고 뿌리가 남아 있다면 스트레스를 신경 씁시다.

주의 깊게 빗질하기
나이가 들면 빠진 털이 몸에 남아 있기 쉽습니다. 봄과 가을의 털갈이 기간에는 신경 써서 빗질을 해주고 피모를 청결하게 유지해줍시다.

실내견의 털갈이 기간
개의 털갈이 시기는 봄과 가을이지만 온도 변화나 내리쬐는 햇볕의 영향을 받기 어려운 실내견은 털갈이 시기가 정확하게 정해져 있지 않습니다.

2
슬픈 표정을 짓는다.

노견이 앓기 쉬운 내분비 질병은 갑상선 기능 저하증입니다. 이 질병에 걸리면 쥐의 꼬리처럼 꼬리털이 빠지고 슬픈 표정을 자주 짓게 됩니다.

다른 신호도 알아두기
슬픈 표정 외에 체온이 떨어지거나 무기력해지는 것도 갑상선 기능 저하증의 증상입니다.

기운을 내라고 해봤자······.

3
원인을 알 수 없는 탈모.

나이와 상관없이 발생하는 탈모 중에 '알로페시아X'가 있습니다. 성장 호르몬이나 성 호르몬의 영향 때문이라고 합니다만 아직까지 원인이 확실하게 밝혀지지 않았습니다.

부적절한 미용이 원인이 되기도
부적절한 미용이 탈모를 부르는 일도 있습니다. 빗질에 사용하는 용품이 반려견의 털과 맞지 않을 수도 있으니 수의사에게 상담해봅시다.

왜 이래?

❀ 갑상선 기능 저하증 발병이 많은 견종: 토이 푸들, 닥스훈트, 포메라니안, 미니어처 슈나우저, 시바견, 비글, 레트리버 종 등.

진찰이 필요한 신호 ⑨

소변에 이상이 생긴다

배변 시트는 옅은 색으로 선택하여 소변의 색을 확인할 수 있도록 합시다. 배설 후엔 배변 시트의 무게를 뺀 소변량을 계산합니다.

요폐, 소변 감소증, 빈뇨증의 차이를 알아보자

소변은 매일 관찰할 수 있기 때문에 주의 깊게 상태를 보도록 합시다. 배뇨 이상으로는 요폐, 소변 감소증, 빈뇨증, 요실금 등이 있습니다. 요폐는 소변은 만들어지고 있는데 잘 내보내지 못하는 상태로 요결석이나 전립선 이상 때문에 요도가 막혔을 가능성이 있습니다. 소변 감소증은 소변이 만들어지지 않는 상태입니다. 여러 가지 원인에 따른 급성 신부전증을 의심할 수 있습니다. 빈뇨증은 배뇨 자세를 취하는 횟수가 늘고 소변을 조금씩 계속해서 내보내는 상태입니다. 요도염이나 방광염일 가능성이 있습니다.

너무 들여다보지 마세요.

1
소변 색깔이 다르다.

선명한 빨간색이라면 방광염이나 방광 종양, 결석일 수 있습니다. 포도주 같은 색은 양파 중독증이나 자기 면역 질환 등을 나타냅니다. 주황색에 가까운 노란색이라면 황달이 발생하는 질병을 의심해봅니다.

방광을 청결하게 유지하기
소변이 방광에 오래 머물러 있으면 세균이 번식하기 쉬워집니다. 수분을 공급하고 언제나 소변을 볼 수 있는 상태로 만들어서 방광을 청결하게 유지합시다.

노견에게 많이 나타나는 요실금
노견이 되면 물 마시는 양이 증가하거나 신경 문제로 인해 요실금이 흔히 발생합니다. 자연스러운 노화 과정이라고 생각해서 포기하지 말고 증상을 발견하면 바로 동물병원에 갑시다.

2
소변이 나오지 않을 때엔 바로 동물병원 가기.

36시간 이상 소변을 배출하지 않으면 급성 신부전증이 발병하여 요독증에 빠질 가능성이 있습니다. 소변이 계속해서 나오지 않는다면 바로 동물병원에서 진찰을 받읍시다.

3
요도염이나 방광염으로 인한 빈뇨증.

반려견이 배뇨 자세를 자주 취하면 주인은 소변을 자주 본다고 느끼거나 소변이 잘 나오지 않는다고 느낄 수 있습니다. 사실 두 상황 모두 소변이 나오는 양은 같습니다. 소변을 보는 빈도와 함께 소변의 양도 확인해둡시다. 빈뇨증은 방광염이나 요도염, 방광 결석 때문일 가능성이 있습니다.

투약은 확실하게
방광염 증상이 멈춰도 처방받은 약을 수의사가 정해준 날까지 먹읍시다. 자신의 판단으로 투약을 중단하지 말고 수의사의 지시에 따르는 것이 중요합니다.

왜 안 나오지?

진찰이 필요한 신호 ⑩

배변에 이상이 생긴다

소화 기관 외에도 간장이나 췌장, 신장 등의 이상으로 설사가 계속되기도 합니다. 반려견의 규칙적인 생활이 규칙적인 배변 활동을 가능하게 합니다.

원인을 알고 적당한 사이클을 지키자

건강한 대변은 갈색이며 적당한 굳기가 있고 개의 몸에 맞는 굵기로 나옵니다. 변의 색깔, 굳기, 빈도 등에 이상이 있다면 진찰을 받아봅니다. 건강한 상태를 유지하기 위해 적어도 하루 2번은 배변할 수 있는 사이클을 만들어주는 것이 중요합니다. 사흘 이상 변이 나오지 않는다면 동물병원에 갑시다. 변비는 운동 부족이나 생활 리듬이 흐트러져서 발생하기도 하지만 배 속의 종양이나 전립선 질병이 원인일 때도 있습니다.

굳기의 기준
대변의 굳기는 손으로 집어들 수
있는 정도가 좋습니다.

1

변의 색깔과
굳기 체크하기.

대변의 색깔이 빨간색이면 대장이
나 항문 부근의 출혈을, 검은색이면
위나 소장의 출혈을, 회색이면 췌장
쪽 질병을 의심해봅니다. 변의 굳기
는 데굴데굴 굴러가는 정도부터 살
짝 부드러운 정도까지 괜찮습니다.

2

만성적인 설사는
수의사와 상담하기.

한번에 많은 수분을 섭취
하면 설사가 나올 수도 있
습니다. 지방분이 많은 식
사도 원인이 됩니다. 설사
는 위장과 같은 소화 기관
과 그 외의 장기에서 이상
이 생기면 발생합니다.
배변 횟수가 늘어나고 부드
러운 변이 계속 나올 경우
수의사와 상담합시다. 췌장
의 기능 저하나 체질에 맞
지 않는 식사 등을 의심해
봅니다.

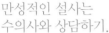
과식했어요.

원인을 짐작할 수 있는 설사
식사나 물을 많이 줬다든지
설사의 원인을 짐작할 수 있는
경우엔 반려견의 상태를 지켜
봅시다. 그래도 설사가 계속된다
면 동물병원에 데리고 갑니다.

밀폐된 용기에 담아 지참하기
대변이나 소변, 구토물의 일부를
그대로 동물병원에 가지고 간다
면 진찰에 도움이 됩니다. 밀폐
된 용기에 넣어서 냄새가 나지
않도록 합시다.

어쩐지 수상한 변.

3

변비의 원인
생각해보기.

운동 부족뿐만 아니라 질병에
걸려도 변비가 발생할 수 있으
므로 배변 사이클이 흐트러지
면 수의사와 상담합시다. 음식
에 포함된 섬유질이나 마시는
물의 양이 적으면 변비가 생길
수 있습니다. 항상 누워 있는
개가 변비에 걸렸다면 관장을
해야 할 수도 있습니다.

변비를 일으키는 질병
전립선 비대증이나 자궁에 종양이 생기
면 변이 납작해지거나 배설하기 힘들어
집니다.

진찰이 필요한 신호 ⑪

기침을 한다

개가 기침을 하면 중병일 가능성이 있습니다. 노견의 기침은 호흡기 질병에 심장병이 더해져서
발생하는 경우가 많으니 신속하게 동물병원에서 진찰을 받읍시다.

기침은 놓칠 수 없는 질병의 신호다

젊었을 때 나오는 기침은 감염증이 그 원인일 때가 많지만 노견이 기침을 한다면 심장이나 폐
에 심각한 질병이 있는 건 아닌지 의심해봐야 합니다. 특히 밤에 기침을 멈추지 않는다면 폐
부종일 가능성이 있기 때문에 위험해지기 전 하루빨리 동물병원에서 진찰을 받읍시다.

동물병원에서 정기적으로 건강 검진을 받는다면 기침이 나오기 전에 호흡기 이상을 발견할
수 있습니다. 또한 체중 관리를 시작하면 기침 증상을 줄일 수도 있습니다.

1

토하고 싶어 하는데
토하지 못하는 모습.

개가 기침을 하면 목에 걸린 깃을 뱉기 위해 하는 것처럼 보일 때가 있습니다. 구토와 비슷해서 식도나 위장병 때문이라고 생각하기 쉽지만 사실은 개가 기침을 참고 있다는 것을 알아둡시다.

소형견은 특히 주의하기
소형견은 유전적인 원인으로 심장 기능이 나빠지기 쉽습니다.

왜 이럴까……

2

기관(氣管)이
약해진다.

노화나 비만과 함께 기관 벽이 약해지면 호흡할 때 기관 허탈(p.100) 증세가 나타날 위험이 높아집니다.

살찌는 거 싫어.

비만에 주의하기
살이 많이 찐 개는 병이 쉽게 깊어지는 경향이 있습니다. 비만은 심장병의 원인이 되므로 평상시 반려견의 식사나 운동에 신경을 씁시다.

3

음식이 기관에
들어가지 않도록
하기.

누워서 지내는 개는 식도가 아닌 기관으로 음식이 내려가 폐에 들어갈 수도 있습니다. 이때 오인성 폐렴을 일으킬 가능성이 있습니다. 식사할 때엔 머리를 높게 해서 음식을 완전히 삼킬 수 있도록 기다린 후 다음 음식을 주도록 배려합시다.

콧물의 색깔
기침과 함께 콧물이 나온다면 콧물 색깔을 확인합니다. 동물병원으로 진찰을 받으러 갈 때 p.66를 참고하여 콧물 색과 상태를 수의사에게 전달합시다.

🐾 기관허탈 발병이 많은 견종: 토이 푸들, 치와와, 포메라니안, 요크셔테리어, 시추, 파피용, 몰티즈, 퍼그 등.

호흡을 힘들어한다

호흡기나 심장이 약한 견종도 있습니다. 수의사와 상담해서 질병의 진행 속도를 늦출 수 있도록 대책을 세웁니다.

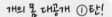

개의 몸 대공개 ①탄!

폐

심장

비만은 호흡기와 심장 질병의 증상을 악화시킨다

헉헉하고 거칠게 숨을 쉬는 것은 호흡기 질병뿐만 아니라 심장병이 원인일 때가 있습니다. 호흡에 영향을 주는 3가지 원인을 알아둡시다. ① 공기가 드나드는 통로인 기도에 이상이 생겼을 경우, ② 산소를 받아들이는 폐에 문제가 발생했을 경우, ③ 산소를 몸 전체로 내보내는 심장이나 혈관에 이상이 나타났을 경우입니다. 이것들은 복합적으로 발생하며 특히 비만은 질병 증상을 더 심각하게 만듭니다. 병의 진행 상태에 따라 운동 제한이나 산소실 설치가 필요할 때도 있습니다. 증상들에 잘 대응하여 반려견과 오래 지내도록 합시다.

털퍼덕~.

1
청색증이라면 운동량에 주의하기.

운동이나 흥분을 하면 호흡이 빨라져서 혀의 가시점막과 결막이 보라색이 될 때가 있습니다.

위험한 상태
혈액 중에 산소량이 부족해져 가시점막이 보라색이 되는 청색증이 나타나면 반려견이 위험한 상태이므로 동물병원으로 데려갑니다.

2
입을 열어서 호흡한다.

개는 코로 호흡하는 동물이지만 힘들면 입으로도 호흡합니다. 운동 후라면 일시적으로 입을 열고 호흡하는 게 정상이지만 평소에도 입으로 호흡을 한다면 심장 질병을 의심해봅니다.

허 헉 헉 헉 헉 헉 헉

가자! 가자!

못 가 못 가······.

편한 자세를 취하고 병원으로
힘들게 호흡하는 개를 병원으로 데려갈 때엔 이동장에 넣어서 편한 자세를 취할 수 있게 합니다. 반려견을 눕히거나 안으면 호흡이 더 힘들어집니다.

숨쉬기가 힘들다는 신호
입을 열어서 하는 호흡이나 심호흡 외에 개가 턱을 앞으로 내밀고 앞다리를 벌려서 가슴을 펴고 앉는 '견좌 자세'를 계속 취한다면 숨쉬기가 힘들다는 신호입니다.

산소가 필요해!

후읍~~

후읍~

3
열심히 호흡한다.

개가 숨을 힘껏 들이마시려고 호흡을 힘들게 반복한다면 폐에 공기가 잘 들어가지 않는 상태입니다. 코나 기관이 막혔을 가능성이 있으므로 주의가 필요합니다.

진찰이 필요한 신호 ⑬
체중이 늘거나 줄었다

체중은 식사 칼로리와 소비 칼로리로 밸런스를 지킵니다. 체중이 급격하게 늘거나 줄어든다면
질병을 의심해봅시다.

건강 수명을 늘리기 위해서는 적당한 체중을 유지해주자

체중이 갑자기 변한다면 주의가 필요합니다. 노화로 인해 기초 대사량이나 활동량이 떨어지면
체중이 증가합니다. 짧은 기간에 체중이 늘어날 경우 갑상선 기능 저하증을 의심해봅니다.
이럴 때에는 오히려 체중 조절을 하면 안 됩니다. 식사를 적절히 주는데도 체중이 감소할 경
우 체내에 종양이나 당뇨병이 생겼을 가능성이 있습니다. 만성적인 설사나 구토가 계속될 때
에도 체중은 감소합니다.

병이 원인일 때

칼로리가 적절해도 간 기능이나 신장 기능이 떨어졌거나 체내에 악성 종양, 당뇨병 같은 병이 있을 경우 물질대사에 영향을 주기도 합니다.

1
먹이는데도 체중이 줄어든다.

설사나 구토를 하지 않아도 체중이 줄어든다면 식사 칼로리를 다시 살펴봅니다. 운동이나 환경으로 인해 소비되는 칼로리와 식사로 섭취하는 칼로리가 맞지 않는다면 먹어도 체중이 줄어들 수 있습니다. 또는 필요 이상으로 건강한 식사를 하고 있는 건 아닌지 생각해봅시다.

'노화 탓'이라고 짐작하지 말기

갑상선 기능 저하증 때문에 나타나는 무기력한 표정은 노화 탓이라고 생각하기 쉽습니다. 노견을 돌볼 때에는 선입관을 버리고 변화에 민감해져야 합니다.

2
무기력하고 슬픈 표정을 짓는다.

갑상선 기능 저하증이 생기면 기초 대사량이 줄어듭니다. 발병 전과 비교하여 식사량이 변하지 않았다면 체중이 늘어나게 됩니다. 무기력하고 슬픈 표정을 짓기도 합니다. 이는 적절한 투약으로 개선할 수 있습니다.

처량해.

여름도 실내에서

겨울뿐만 아니라 더위가 심한 여름에도 반려견의 식욕이 떨어질 수 있으니 실내에 들여놓아 신경을 써줍니다.

3
생활 환경을 정돈하기.

추운 계절이 되면 개는 에너지를 연소해서 체온을 유지합니다. 따라서 바깥에서 길러지는 개는 겨울에 여위기도 합니다. 개가 느끼는 부담을 생각해서 식사량을 조절하고 동시에 개가 따뜻하게 살 수 있도록 환경을 정비합시다.

시원하니까 더 맛나네.

진찰이 필요한 신호 ⑭
배가 부풀어 오른다

위염전은 생명과 직결됩니다. 토하고 싶어 하는데 토하지 못하는 모습도 위염전 신호 중 하나입니다. 동물병원에서 곧바로 진찰을 받읍시다.

배가 나왔다고 해서 꼭 비만이라고 단정할 수는 없다

질병 때문에 배가 부풀 수도 있습니다. 배에 물이 차는 복수는 복강 내의 종양을 의심할 수 있습니다. 급격하게 배가 부푸는 것은 위확장과 위염전 때문입니다. 곧바로 병원에서 진찰을 받읍시다. 노견에게 많이 나타나는 부신피질 기능 항진증을 앓게 되면 근육이 줄어들어 지방이 붙기 쉽습니다. 사지가 가늘어지고 배만 나온 체형이 그 신호입니다. 식사량에 의한 비만과 병에 의해 팽창된 복부의 차이를 알고 주의합시다.

뚱보 아니에요.

1

복수인지 아닌지 만져서 확인하기.

심장병, 간장 문제, 복강 내의 종양 등의 원인으로 복수가 생깁니다. 복수가 찬 배는 만져보면 출렁거리는 파동을 느낄 수 있습니다. 비만인 개는 복수를 알아보기 어렵기 때문에 주의 깊게 만져봅시다.

복수 확인하기
먼저 손바닥을 배의 한쪽에 댑니다. 복수가 있는 경우 다른 한쪽을 가볍게 두드리면 파동이 전해집니다.

2

정기적으로 건강 검진받기.

배안의 종양은 체표 종양과 달리 주인이 알아차릴 수가 없습니다. 일찍 발견하기 위해 건강 검진을 받읍시다.

효과적인 초음파
엑스레이로 알아채기 어려운 종양은 초음파를 사용하는 검사가 효과적입니다.

·····

3

배가 부푼 것을 비만이라고 단정하지 말기.

부신피질 기능 항진증이나 갑상선 기능 저하증인 경우 체중 조절은 금물입니다. 반려견의 체중이 늘면 안이하게 비만이라고 생각하지 말고 동물병원에서 진찰을 받아봅시다. 무분별한 체중 조절은 자제합니다.

병에 의한 비만
과식이 원인인 비만을 '단순성 비만'이라고 하고 질병이 원인인 비만을 '증후성 비만'이라고 합니다.

밥 줘, 밥♪

🐾 위염전 발병이 많은 견종: 레트리버 종, 보더 콜리, 저먼 셰퍼드 등.

진찰이 필요한 신호 ⑮
걸음걸이에 이상이 생긴다

중성화 수술을 하지 않은 수컷은 전립선 비대로 인한 통증이나 위화감 때문에 걸음걸이에 이상이 생길 수도 있습니다.

걷기가 힘들어.

머리와 허리 위치로 아픈 다리를 확인하자

개가 관절 통증을 호소할 때 하는 몸짓을 알아둡시다. 발을 들거나 질질 끄는 몸짓은 바로 알아볼 수 있을 것입니다. 개는 네 다리로 걷는 동물이기 때문에 작은 통증이 있어도 다른 다리로 메꾸며 걸을 수 있습니다. 머리와 허리의 위아래 움직임에 주의하면 이상을 발견하기 쉽습니다. 통증이 없는 쪽의 다리를 딛을 때 개의 머리와 허리는 내려갑니다. 반대로 아픈 다리를 딛을 땐 통증을 참기 때문에 머리와 허리가 위로 올라갑니다.

빨리 알아차리세요.

1
운동을 제한하고 안정 취하기.

관절염이나 변형성 척추증은 노견에게서 자주 볼 수 있는 질병입니다. 발병 직후에는 운동을 제한합시다.

비만으로 악화되는 관절

비만 때문에 몸에 가는 부담이 커지면 관절염 증상이 악화됩니다. 견종에 따라서 유전적인 관절 질환이 있는 경우도 많지만, 대체로 노견이 되면 관절염이 발병하기 쉽습니다.

2
갑자기 뒷다리에 통증을 느낀다.

뒷다리에 전십자인대 파열이 발생하면 급격한 통증으로 뒷다리를 들어 올리게 됩니다. 나이가 많은 대형견에게서 자주 발견되며 치료하기 어려운 경향이 있습니다.

아야!

비만도 원인

나이가 들면 비만 역시 인대 파열의 원인이 됩니다. 식사량과 체중을 조절합시다.

잘록한 허리가 아닙니다요.

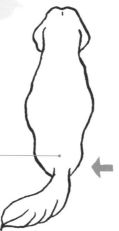

3
줄어든 엉덩이의 근육량.

골든 레트리버, 래브라도 레트리버, 셰퍼드 등 대형견에게 많이 발생하는 고관절 형성부전*은 앞다리에 체중을 싣고 뒷다리를 보호하듯이 걷게 합니다. 그 결과 엉덩이 근육이 줄어들어 보폭이 좁아집니다.

영양제 이용하기

관절에는 콘드로이틴황산 영양제가 좋습니다. 근육량이 떨어지면 몸져눕게 될 가능성이 있으므로 정기적으로 운동을 계속합시다.

🐾 변형성 척추증 발병이 많은 견종: 닥스훈트, 웰시코기, 비글 등.
🐾 고관절 형성부전 발병이 많은 견종: 레트리버 종, 불도그, 버니즈 마운틴 도그 등.

* 허벅지의 뼈와 골반을 결합하는 고관절의 형태가 선천적으로 이상한 상태.

진찰이 필요한 신호 ⑯
등에 통증을 느낀다

추간판 탈출증은 집에서 일어나는 사고 때문에 흔히 발생합니다. 집에 있는 장해물을 없애서 생활 환경을 정리합시다.

경사가 있는 건 위험해.

안정적인 생활 환경으로 만들어주자

개가 등에 통증을 느낀다면 가장 먼저 추간판 탈출증*을 추측해봅니다. 특히 노견은 근력이 약해서 발생률이 높습니다. 주로 움직이는 걸 싫어하고 아픔을 호소하며, 몸에 마비가 일어나는 등의 증세를 보입니다. 반려견을 안정시킨 후 동물병원에 갑시다.

추간판 탈출증은 소파에서 떨어질 때 발생하기도 합니다. 장해물을 제거해서(p.32) 안전한 생활 환경을 만듭시다.

---

* 소위 디스크로 불리며 척추와 척추뼈 사이에 있는 추간판이 돌출하여 척수를 압박하는 병.

1

집 안에서 발생하는 사고.

집 안에는 물건이 많기 때문에 사고가 발생하기 쉽습니다. 만약 개가 집 안을 돌아다닌다면 울타리를 쳐서 그 안에서 쉴 수 있도록 합시다.

계단 주의하기
계단을 오르내리는 것은 추간판 탈출증의 원인이 됩니다. 계단 입구에 울타리를 놓아서 오르내리지 않게 합시다.

2

운동을 자제하고 안정 취하기.

추간판 탈출증이 의심될 땐 운동을 삼갑니다. 수술이 필요한 경우 몸 상태를 보고 수의사와 상담을 한 후 치료 방법을 결정합니다. 등에 발생하는 질병에는 추간판 탈출증 외에도 변형성 척추증, 척추 내 종양 등이 있습니다.

알콩달콩 놀아줘요.

닥스훈트나 코기 외에도
닥스훈트나 코기는 추간판 탈출증을 앓기 쉬운 견종입니다. 그 외의 견종도 생활 환경에 따라서 질병이 발생할 우려가 있습니다.

미안해요. 내 다리가 아니에요.

3

다리를 끄는 것도 등의 문제.

추간판 탈출증이나 변형성 척추증 때문에 신경이 다치면 발등을 질질 끌게 됩니다. 개도 사람처럼 자신의 다리가 향하는 곳을 감지할 수 있는 고유한 위치 감각이 있지만 병에 걸리면 둔해집니다.

생활의 질에 영향을 주는 걸음걸이
등에 문제가 생겨 걸음걸이에 영향을 끼치면 생활의 질이 무참하게 떨어지고 맙니다. 평소 걸음걸이에 주의를 기울입시다.

🐾 추간판 탈출증 발병이 많은 견종: 토이 푸들, 닥스훈트, 시추, 파피용, 시바견, 웰시 코기, 비글 등.

진찰이 필요한 신호 ⑰
항문에 이상이 있다

수컷의 항문 주변에서 발생하는 질병은 중성화 수술로 예방이 가능합니다. 수의사와 상담하여 검토합시다.

가려워~.

엉덩이를 비비거나 변이 잘 안 나온다면 항문 질환을 의심해보자

개가 엉덩이를 자주 비비면 항문낭염일 수 있습니다. 나이가 들면 항문낭에서 분비물이 잘 배출되지 않아 항문낭염 발생 위험이 높아집니다. 수컷은 중성화 수술을 하지 않으면 항문 주위에 선종이 발생할 확률이 높아집니다. 개가 배변할 때 아파한다면 항문낭이나 전립선에 종양이 있을지도 모릅니다. 항문 선암은 암컷에게도 발견할 수 있습니다. 항문 주변이 부어 오르고 대변이나 소변을 누기 힘들어한다면 회음 탈장을 의심해봅니다. 이는 항문 주위의 근육이 망가져서 직장이나 방광이 돌출해버리는 증상입니다.

진찰이 필요한 신호 [번외]

견종에 따라 걸리기 쉬운 병

견종에 따라서 걸리기 쉬운 질병에 대해 소개하겠습니다. 반려견의 건강 관리에 도움이 될 것입니다.

	견종	슬개골 탈구	백내장	녹내장	건성 각막 결막염	기관 허탈	심부전	쿠싱 증후군	당뇨병	갑상선 기능 저하증	추간판 탈출증
소형견	토이 푸들	○	○			○	○	○	○	○	○
	치와와	○		○	○						
	닥스훈트		○						○	○	○
	포메라니안	○				○	○			○	
	요크셔테리어	○									
	시추		○	○	○		○	○			
	파피용	○									○
	몰티즈	○				○			○		
	미니어처슈나우저		○		○				○	○	
	퍼그	○				○	○				
	잭 러셀 테리어		○						○	○	
	카발리에 킹 찰스 스패니얼		○				○				
중형견	시바견			○						○	○
	프렌치 불도그		○				○				
	웰시 코기										○
	비글		○	○				○		○	○
대형견	레트리버 종		○							○	

노견을 위한
배변 훈련

밖에서 배변하는 습관이 있는 개는 노후를 위해 실내에서 배변하는 방법을 미리 가르쳐두면 좋습니다. 왜냐하면 비뇨 기관에 걸리는 병을 예방할 수 있기 때문입니다. 배변 훈련은 호령으로 가르치는 것이 기본입니다. 베란다에서 배설할 수 있을 정도로 가르칩니다. 실내 배변을 훈련시킬 때 배변 시트 위에 인공 잔디를 놓으면 개가 발밑의 감촉으로 배변할 장소를 빨리 기억할 수 있습니다. 인공 잔디를 사용하면 소변이 튀는 것을 막고 개의 발이 젖지 않아서 좋습니다.

① 밖에서 반려견이 자주 배설하는 곳에 인공 잔디를 깝니다. 반려견이 볼일을 보는 동안 목줄을 짧게 쥐고 있다가 배설을 마치면 칭찬해줍니다. 이 과정을 반복하면서 인공 잔디에서 배설하는 방법을 가르칩니다. ② 집 앞이나 마당에 인공 잔디를 깔고 똑같은 방식으로 가르칩니다. ③ 집 안에서 배변 훈련을 할 경우 베란다나 창가 등 실외와 가까운 장소에 배변 시트와 인공 잔디를 깔아서 개가 그곳에 배설할 수 있도록 합니다. ④ 그 후 주인이 원하는 장소에 배변판과 배변 시트를 설치합니다. 위에 인공 잔디를 깔고 이전과 같은 방식으로 가르칩니다. ⑤ 바로 전 단계가 성공하면 목줄을 풉니다. 개가 스스로 배설하지 않을 경우 ④번으로 돌아가서 다시 이 과정을 익히도록 합시다.

제4장

임종기 개에게
흔한 증상과 돌봄 방법

체표 종양에 대처하는 방법

종양에는 양성과 악성이 있습니다. 악성 종양은 급속하게 커져 온몸에 퍼지는 종양입니다. 따라서 조기에 발견하는 것이 중요합니다.

스킨십으로 조기에 발견하자

체표 종양은 종양 중에서 발견하기 쉬운 종양입니다. 매일 스킨십을 하면 종양을 쉽게 발견할 수 있습니다. 종양에는 림프절에 생기는 림프종, 암컷에게 나타나는 유선 종양, 수컷의 항문 주위에 생기는 선종, 정소 종양 등이 있습니다. 종양이 점점 커지면 주변 혈관이나 신경을 압박하여 통증을 일으킵니다. 입안에도 종양이 생길 수 있으니 몸 구석구석까지 잘 체크합니다.

작은 혹이여도 악성 종양이면 빠른 시간에 거질 수 있습니다. 몸 전체로 퍼지기 전에 발견하면 빨리 동물병원에 데리고 갑니다.

낫고 싶어.

1

수술이나 투약으로 치료하기.

종양은 수술이나 항암제, 방사선으로 치료합니다. 종양이 어디에 어느 정도 크기로 생겼는지, 양성인지 악성인지 수의사에게 확인하여 반려견의 상태에 맞는 치료를 진행합시다.

2

중성화 수술로 예방하기.

나이가 들면 암컷은 유선 종양, 수컷은 정소 종양과 항문 주위에 선종이 발생하기 쉽습니다. 젊었을 때 중성화 수술을 하면 예방이 가능합니다.

그렇다면 하세요~.

유선 종양을 예방하기

유선 종양을 예방하려면 첫 발정기 전에 중성화 수술을 하는 것이 좋습니다.

3

유전적으로 발병 위험이 있는 견종.

골든 레트리버, 래브라도 레트리버, 프렌치 불도그, 미니어처슈나우저, 퍼그와 같은 견종은 다른 견종보다 발병 위험이 높기 때문에 유념하여 보살핍니다.

확인하기 어려운 종양

눈으로 보거나 몸을 만지는 것만으로 종양이 양성인지 악성인지 구별할 수 없습니다. 악성인 경우 혹이 빨리 커지는 경향이 있습니다.

우리는 그렇게 타고났어요.

관절병에 대처하는 방법

평소 걸음걸이에 이상한 점이 없는지 잘 관찰하고 변화가 있다면 빠르게 대처합시다.

생활 환경에 신경 써서 살이 찌지 않게 하자

나이가 들면 관절 질병이 자주 발생합니다. 관절 질병에는 고관절에 통증이 생기는 변형성 관절증과 척추뼈가 변형하여 통증을 일으키는 변형성 척추증* 등이 있습니다. 태어날 때부터 슬개골 탈구나 고관절 형성부전을 가지고 있는 개도 있습니다. 이런 질병이 있는 개는 나이가 들면 그 부위에 관절염이 걸리기 쉽습니다. 비만도 증상을 악화시키는 원인이 됩니다. 예방을 위해 반려견의 관절에 부담을 주지 않는 주거 환경을 만들어줍시다.

* 노화로 인해 척추의 형태가 변화하여 척수를 압박해서 통증을 일으키는 상태.

조심할게요.

1

증상에 따라
통증 완화시키기.

격렬한 통증을 호소할 때엔 안정이 필요합니다. 투약으로 통증을 완화시킵니다. 통증을 가라앉히면 수의사의 지시에 따라 회복을 위해 운동을 서서히 시작합시다.

스트레칭할 때 잘 살펴보기

반려견이 기지개나 스트레칭을 할 때 관절에서 소리가 나거나 통증을 호소한다면 바로 동물병원에 데려 갑시다.

2

이동장에 넣어
통원하기.

동물병원에 갈 때 개를 안고 다니면 관절이나 등에 부담을 줄 수 있습니다. 이동장에 넣어서 데려가도록 합시다.

잘 보살펴서 질병 예방하기

평소 생활 환경에서 주인이 반려견을 잘 배려한다면 관절 질환이나 병세의 악화를 충분히 막을 수 있습니다. 예방을 통해 생활의 질을 유지시킵시다.

3

약을 주거나 생활
환경 바꿔보기.

통증이 심하면 소염 진통제나 영양제를 투여해봅시다. 또한 집 안에 있는 경사 때문에 발이 미끄러지지 않도록 환경을 다시 살펴봅시다.

젊은 애들하곤 달라.

넘어지지 않게 주의하기

소파에 설치하는 경사로는 미끄럽지 않은 소재로 선택합시다. 개 상태에 따라서 경사가 완만한 게 좋을 수도 있습니다.

🐾 슬개골 탈구 발병이 많은 견종: 토이 푸들, 치와와, 포메라니안, 요크셔테리어, 파피용, 몰티즈, 퍼그 등.

병과 마주하기 ③

소화기 병에 대처하는 방법

질병 때문에 복막염이 발생하면 곧바로 목숨이 위험해질 수 있습니다. 반려견의 기운이 급격하게 떨어진다면 질병을 의심해봅시다.

식욕 부진, 설사, 구토는 초기에 대처하자

나이가 들면 소화액 분비가 줄어들어 위장 활동이 약해집니다. 과식이나 지방분이 많은 식사는 위장에 부담을 주기 때문에 설사나 구토를 일으키기 쉽습니다. 소화기 병에는 췌장염, 위장염, 위확장 및 위염전 증후군, 담낭염* 등이 있습니다. 병에 따라서 만성인 경우도 있지만 급성일 경우엔 빨리 대처해야 합니다. 특히 노견은 체력이 약하기 때문에 병에 걸리면 목숨이 위험해질 수 있습니다.

* 쓸개즙이 진흙 상태가 되어 담낭 내에 고이는 병.

아픈 배를 위해
기도하자.

1

통증에 주의하기.

반려견이 등을 둥글게 구부리고 있으면 배에 강한 통증을 느낀다는 신호입니다. 가만히 움직이지 않고 걷기 싫어하거나 갑자기 축 처져 있다면 바로 동물병원에 갑니다.

기도하는 자세
개는 배에 통증이 생기면 기도하는 자세를 취합니다.

2

토하려고 해도 토를 못한다면 바로 동물병원에 가기.

위염전이 생기면 토하고 싶어 해도 토를 못하게 됩니다. 위염전은 응급 질환이기 때문에 24시간 이내에 대처하지 않으면 개가 목숨을 잃을 수 있습니다.

배가 불룩해.

대형견 수컷에게 많이 발생하는 병
위염전은 위액과 가스가 드나드는 위 출입구가 막혀 배가 부풀어 오르는 질병입니다. 토를 하지 못해서 기운이 급격하게 떨어지면 쇼크 상태에 빠지게 됩니다.

3

소량의 저지방 단백질로 식사 제공하기.

평소 소화 기관에 부담을 주지 않는 것이 중요합니다. 나이가 들면 저지방 식사를 조금씩 나눠서 줍시다.

식사 후 바로 운동하지 않기
위염전 예방을 위해 식사 후에는 곧바로 운동하지 않도록 합시다. 식후 2시간 동안은 격렬한 운동을 삼갑니다. 운동은 식사 직전에 하는 것이 좋습니다.

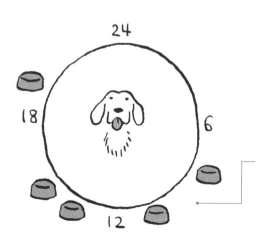

병과 마주하기 ④

순환기 · 호흡기 병에 대처하는 방법

건강 검진으로 질병을 빨리 발견하도록 합시다. 병을 악화시키지 않기 위해 평소 건강 관리에 유의합시다.

숨쉬기 힘들어······

주거 환경을 정비하자

비만은 심장 질환을 일으키는 가장 큰 원인 중 하나입니다. 비만은 심장이나 호흡 기관에 부담을 주기 때문에 호흡이 거칠어지거나 빨라지는 호흡 촉박이나 청색증(p.81)의 증상을 일으킵니다. 심각한 질병에는 승모판 폐쇄 부전증*이나 심근증과 같은 심장병, 기관지염, 기관허탈** 등이 있습니다. 여름에는 더위와 고습, 겨울엔 추위와 건조를 피해 개가 비만이 되지 않고 잘 움직일 수 있도록 생활 장소를 정비합시다(p.34).

* 심장의 승모판이 완전하게 닫히지 않아 혈액 일부가 역류하는 병.
** 기관이 찌그러져 공기가 통하기 어려워지고 기침이 발생함.

콜록

콜록

1

기침할 때 잘 살펴보기.

승모판 폐쇄 부전증과 같은 심장병은 밤에 기침하는 걸 보고 알아차릴 수 있습니다. 그뿐만 아니라 운동할 때나 흥분했을 때 기침을 심하게 한다면 심장이나 호흡 기관에 질병이 있다는 신호입니다.

증상 늦추기 ——
승모판 폐쇄 부전증은 완치 가능성이 낮기 때문에 질병의 진행 속도를 늦추는 걸 목표로 합시다. 저나트륨 식이 요법으로 바꿔서 비만과 저체중을 막고 적당한 체중으로 유지시킵니다. 또한 반려견 상태에 따라 운동을 제한합시다.

2

가슴줄을 사용해서 증상 완화하기.

기관허탈이나 기관지염이 발병한 경우 목줄을 가슴줄로 바꾸면 기관에 가는 부담이 줄어들어 기침을 완화할 수 있습니다.

공기가 맑네.

간접흡연 막기 ——
간접흡연은 개의 목이나 기관에 자극을 주고 병을 악화시킵니다. 절대 반려견 근처에서 흡연하지 맙시다. 간접흡연은 눈에도 악영향을 끼칩니다.

3

소형견은 특히 조심하기.

승모판 폐쇄 부전증이나 기관허탈은 유전적으로 소형견에게 흔히 발생합니다. 주로 치와와, 요크셔테리어, 토이 푸들, 포메라니안, 몰티즈 등이 이러한 질병에 잘 걸립니다.

함께 발병하기 쉬운 폐수종 ——
폐수종은 승모판 폐쇄 부전증과 같은 심장병에 의해 발생하기 쉬운 병입니다. 기침을 계속하거나 기운이 없으면 병을 의심해봅시다.

우리는 원래 이렇게 타고났어요.

병과 마주하기 ⑤
비뇨기 병에 대처하는 방법

신장은 침묵의 기관이라고 할 만큼 초기 증상으로는 병세를 알기 어렵습니다. 일찍 병을 발견하려면 건강 검진을 반드시 합시다.

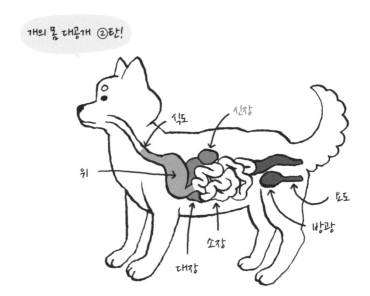

개의 몸 대공개 ②탄!

식도
신장
위
소장
대장
요도
방광

신장은 3분의 2가 망가지고 나서야 병세가 나타난다

비뇨기 질병 중 신장병은 초기 단계에서 눈에 띄는 증상이 나타나지 않습니다. 따라서 병세를 알아차렸을 땐 이미 병이 상당히 진행되었을 가능성이 높습니다. 노견에게 만성 신장병은 요독증*을 일으킬 위험이 높으니 식사 관리나 수액 요법으로 증상을 완화하도록 합니다. 또한 반려견이 몸져눕게 되면 방광염에 걸릴 위험이 높아집니다. 수의사의 지시에 따라 항생제를 조금씩 장기간 투여하도록 합시다.

* 신장 기능의 장애로 여러 가지 노폐물이 배설되지 못하고 체내에 머무는 질병.

요독증에 주의하기
신장병에 걸리면 요독증이 발병할 수 있습니다. 동물병원에서 정기적으로 혈액과 소변 검사를 합시다.

1
식사 관리로
병의 진행 속도 늦추기.

만성 신장병에 걸리면 식사에 신경을 씁시다. 나트륨이나 단백질을 과다하게 섭취하지 않도록 합시다. 식사를 제대로 관리하면 병의 진행 속도를 늦출 수 있습니다.

2
자주 누워 있는 개는
특히 주의하기.

몸져누운 개는 소변을 자주 보기가 어려워 방광에 세균이 번식하기 쉽습니다. 안마로 소변 활동을 촉진해줍시다.

소변 체크에 익숙해지기
소변이 조금씩 자주 나온다든지 소변에 피가 섞여 있다든지 음부를 자주 핥는다든지 소변 활동에 생기는 변화를 알아챌 수 있도록 매일 확인합시다.

건강 검진으로
초기에 발견하기
신장 기능은 한번 잃어버리면 원래대로 돌이킬 수 없습니다. 정기적인 건강 검진으로 초기에 발견할 수 있도록 합시다.

3
신장병 치료하기.

신장병 치료를 위해 저단백질 식이 요법을 진행하고 물을 많이 마시게 합시다. 그 외에 반려견 상태에 맞춰 투약하는 방법도 있습니다. 방광염인 경우 항생제를 투여합니다.

병과 마주하기 ⑥
생식기 병에 대처하는 방법

나이가 들면 생식기 질병이 잘 발생합니다. 반려견의 행동을 세세하게 살펴 초기 단계에 알아채는 것이 중요합니다.

중성화 수술로 스트레스 줄여주자

생식기 질병을 예방하는 데엔 중성화 수술이 효과적입니다. 중성화 수술로 수컷은 전립선 비대증*, 암컷은 자궁 축농증**을 예방할 수 있습니다.

중성화 수술은 병을 예방할 뿐만 아니라 스트레스도 줄여줍니다. 예를 들어 중성화 수술을 하지 않으면 수컷은 영역 다툼 때문에 항상 다른 수컷을 신경 쓰게 됩니다. 암컷은 발정기 후 상상 임신이 나타나 새끼 대신 인형을 지키기도 합니다. 이런 행동은 개에게 스트레스를 줄 수 있으니 미리 예방합시다.

* 나이가 들면서 전립선 세포가 늘어나 전립선이 비대해진 상태.
** 세균에 감염되어 자궁에 고름이 고이는 병.

되도록 빨리요.

이른 시기에 중성화 수술하기
생식기 병이 심해지면 목숨이 위험할 수 있기 때문에 미리 수술하는 것이 좋습니다.

1
노견도 중성화 수술이 가능하다.

병을 치료하기 위해 중성화 수술을 하기도 합니다. 목숨을 위태롭게 하는 병이 발생할 수 있기 때문에 수술 여부를 빨리 결정합시다. 암컷은 생후 5~6개월 이후나 첫 발정기 전후에 수술하는 게 좋습니다.

2
수컷에게 나타나는 초기 질병 증세.

전립선 비대증에 걸리면 대변이 잘 안나오거나 대변 모양이 바뀝니다. 통증 때문에 걷기 싫어하고 걸음걸이가 이상해지기도 합니다. 병이 심해지면 소변 활동에도 이상이 생깁니다.

잘 안 나오네.

안 나와요.

그 외의 신호
소변을 보기 힘들어하거나 소변 횟수가 늘어나고 혈뇨가 나오는 등의 증상을 보입니다.

3
암컷에게 나타나는 초기 질병 증세.

자궁 축농증에 걸리면 음부를 자주 핥거나 발정기가 끝난 후 음부에서 분비물이 나오기 때문에 주인이 쉽게 알아챌 수 있습니다. 병에 걸리면 식욕이 떨어지고 물을 많이 마시며 소변을 자주 누게 됩니다.

신경 쓰인단 말이야.

신호 알아두기
개는 음부에 고름이 생기면 핥아버립니다. 음부를 핥는지 잘 살펴봅시다. 또 다른 증상으로 활력이나 식욕이 없어지기도 합니다.

젊었을 때와 다른 행동을 한다

최근 반려견의 행동 문제를 치료할 때 투약하는 방법이 효과가 있다고 밝혀졌습니다. 이와 관련하여 동물행동 치료 전문가와 상담해봅시다.

계속 핥는다.

깜짝

쾅

같은 장소를 어슬렁거린다.

소리를 무서워한다.

나이가 들면 하지 않던 행동을 하기도 한다

나이가 들면 외모나 몸 상태뿐만 아니라 행동에도 변화가 나타납니다. 노견은 여러 가지 이유 때문에 불안이나 공포를 쉽게 느낍니다. 예를 들면 계속 짖는다든지 물건을 부수기도 합니다. 나이가 들어 이와 같은 행동을 갑자기 시작하는 경우도 있고 젊었을 때부터 보이던 문제가 더 돋보이게 되는 일도 있습니다. 반려견의 행동 문제는 주인 혼자서 훈련으로 고치는 것이 어렵기 때문에 동물행동 치료 전문가와 상담하는 게 좋습니다. 대학 부속 동물병원이나 전문 클리닉을 찾아갑시다.

집에 같이 있어요.

1

주인과 헤어질 때 곤란한 행동을 한다.

반려견은 혼자 있으면 더욱 불안을 느껴 문제를 잘 일으키게 됩니다. 이를 '분리 불안' 상태라고 하는데 개의 불안을 줄이기 위해 전문가와 상담해봅시다.

'헤어지는 인사'를 과도하게 하지 말기
애정이 깊은 주인일수록 좋은 마음으로 '다녀올게' 인사를 과도하게 합니다. 그것이 분리 불안을 더욱 조장한다는 사실을 알아둡시다. 외출하거나 집에 돌아왔을 때엔 아무렇지 않은 태도로 개를 대합니다. 개가 흥분하면 가라앉을 때까지 기다립시다.

2

소음을 무서워한다.

나이가 들면 큰 소리나 익숙하지 않은 물건에 강한 공포감을 느끼게 됩니다. 주인이 지나치게 말을 걸어도 공포감을 조장할 수 있으니 주의합시다. 한창 공포감에 빠져 있을 때는 기다렸다가 개가 침착해지면 칭찬해줍시다. 공포나 불안이 너무 심한 경우 수의사와 상담해서 약을 처방받습니다.

어서 끝나라.

불안해할 때 슬며시 옆에 있어주기
개가 불안해할 때 큰 소리로 말을 걸면 주인도 불안해한다고 생각하기 쉽습니다. 주인이 먼저 진정하고 상냥하게 곁에 있어줍시다.

덥석.

만지는 걸 원하지 않을 때
몸에 통증이 있으면 자기 몸 만지는 걸 싫어할 수도 있습니다.

3

시력이 약해지면 공격적으로 변한다.

시력이 떨어지면 사람이 접근하는 것을 잘 알아채지 못하고 갑자기 놀라서 공격하기도 합니다. 쓰다듬으려고 할 때 이런 행동을 자주 합니다. 느닷없이 공격적으로 변하면 원인에 맞춰 대처합시다.

개의 치매에 대해서 알아보기

개의 치매에 대한 연구가 진행되면서 MRI를 통해 치매를 초기 단계에서 발견할 가능성이 높아지고 있습니다.

빙글빙글 돈다.

쿨 쿨 쿨

밤낮이 바뀐다.

시바견은 치매 발병률이 높다.

우오오

밤에 짖는다.

좁은 곳에 들어가서 뒤로 나오지 못한다.

인기 있는 장수견은 치매 발병률이 높다

나이를 먹으면 개도 치매에 걸릴 수 있습니다. 12세부터 15세쯤 징후가 나타나고 병세가 진행됩니다. 치매는 인기 견종인 시바견이나 테리어 계통의 개, 장수하는 일본 잡종 개에게서 자주 발병합니다. 최근 개의 평균 수명이 늘어나면서 치매도 늘고 있습니다. 무리하지 않는 선에서 간호를 합시다. 장수하는 개일수록 발병 가능성이 높습니다. '노견의 치매 체크리스트'로 반려견의 상태를 확인해둡시다.

노견의 치매 체크리스트

해당하는 증상에 동그라미를 치고 동그라미 개수를 센 다음 맨 아래 표에서 치매 정도를 판정해봅시다.

생활 리듬은?	□ A 낮 활동 시간이 줄고 자는 시간이 늘었다.
	□ B 점심 식사 외에는 잠을 자고 밤이 되면 돌아다닌다.
	□ C B의 상태에서 주인이 깨워도 일어나질 못한다.
식욕과 배변 상태는?	□ A 먹는 양은 똑같지만 때때로 변비에 걸리거나 설사를 한다.
	□ B 평소보다 잘 먹지만 거의 설사하지 않는다.
	□ C 이상하게 많이 먹지만 설사하지 않는다.*
배변은 잘 하는가?	□ A 배설 장소를 때때로 헷갈려 한다.
	□ B 아무 데나 소변을 보고 실금할 때가 있다.
	□ C 자면서도 소변을 본다.
훈련받은 것을 기억하고 있는가?	□ A 가끔씩 잊어버릴 때가 있다.
	□ B 특정 명령에 반응하지 않는다.
	□ C 거의 기억하지 못한다.
감정 표현이나 반응은?	□ A 타인이나 동물을 대하는 반응이 전보다 둔하다.
	□ B 타인과 동물에게 반응하지 않고 주인에게만 반응한다.
	□ C 주인에게도 전혀 반응하지 않는다.
짖는 방법은 ?	□ A 호소하는 듯 울 때가 늘었다.
	□ B 짖는 소리가 단조로워지고 밤중에 갑자기 짖을 때가 있다.
	□ C 밤중 정해진 시간에 짖기 시작하며 이를 제지할 수 없다.
걸음걸이는?	□ A 이전보다 속도가 느리고 비틀거린다.
	□ B 흐느적거리며 지그재그로 걷는다.
	□ C 일정 방향으로 원을 그리듯이 걷는다.
뒤로 걸을 수 있나?	□ A 좁은 곳에 들어가면 뒤로 나올 때 힘들어한다.
	□ B 좁은 곳에 들어가면 뒷걸음질을 못한다.
	□ C B의 상태에서 방 모서리 부분에서도 탈출하지 못한다.

* 일반적인 노견은 소화 기능이 약해 설사하기가 쉬움.

A만 있거나 혹은 B가 1개일 때 치매일 확률 거의 없음	치매 걱정은 없고 일반적인 노화 현상이라고 할 수 있습니다. 스킨십을 충분히 해주고 건강한 생활을 위해 신경 씁시다.
B가 2개 이상일 때 치매가 의심됨	치매 예비군으로 지금의 생활을 계속하면 치매가 나타날 가능성이 높습니다. 다음 쪽부터 잘 살펴서 치매 진행을 늦추기 위한 생활 습관을 들입시다.
C가 1개 이상일 때 치매일 가능성이 큼	치매일 가능성이 큽니다. 치료를 통해 증상을 개선시킬 수 있습니다. 수의사와 상담하고 생활 습관을 바꿉시다.

치매에 적응하며 사는 방법

반려견이 치매 증상을 보이면 마음이 어두워지기 쉽습니다. 무리하지 않게 간호하고 마음의 여유를 잊지 않도록 합니다.

생활 리듬에 변화를 주고 생활 환경을 정비하자

치매가 발병하면 학습 능력과 적응 능력이 조금씩 둔해집니다. 증상에 따라 생활 환경을 정비합시다. 개가 치매에 걸리는 이유에 대해 아직 많은 부분이 밝혀지지 않았지만 몇 가지 치매를 예방할 수 있는 방법이 있습니다. 예를 들어 단조로운 생활을 피하고 치매 증상을 늦추는 약을 복용하는 방법이 있습니다.

산책은 언제 가?

1
스킨십으로 자극 주기.

평소 스킨십을 많이 해서 적절한 자극을 줍시다. 개가 외롭다고 느끼지 않도록 배려하는 것이 중요합니다. 주인의 존재는 개에게 안정을 줍니다.

몸 상태에 맞춰 운동하기

운동으로 몸을 움직이게 하면 뇌신경 세포의 활성화를 유지할 수 있습니다. 또한 낮 동안 햇볕을 쬐게 해서 생활 리듬이 바뀌지 않도록 합시다.

2
수의사와 상담하여 약과 영양제 복용하기.

약과 영양제(DHA나 EPA)로 치매 증상과 개의 불안을 완화합시다. 진정제를 투여하면 불안과 흥분 상태가 줄어들어 생활 리듬을 되찾을 수 있습니다.

선입관 버리기

'약은 개의 몸에 좋지 않다'는 선입관이 있습니다. 하지만 약과 영양제는 개를 치료할 때 도움이 된다는 점을 기억합시다.

배회하는 걸 막기 위한 어린이용 풀장

어린이용 비닐 풀장 안에 개를 두면 집 안을 뱅뱅 돌다가 가구에 몸을 부딪치는 사고를 막을 수 있습니다.

3
치매 간호는 혼자서 감당하지 말기.

치매는 한시가 급한 병이 아니기 때문에 느긋하게 오랫동안 잘 견디는 것이 중요합니다. 혼자서 문제를 끌어안지 말고 때로는 동물병원에 맡겨 주인도 기분 전환할 시간을 가집시다.

이 사람 좋아.

안심할 수 있는 환경 만들기

개의 다리를 굽히거나 펴면서 안마를 해줄 때 몸 상태를 잘 보면서 합시다. 무리하지 말고 개가 통증을 느끼지 않는 범위에서 합니다.

근육이나 관절을 안마하여 움직일 수 있게 하자

개가 병이 들어 몸져눕지 않도록 적극적으로 안마하여 관절의 기능을 유지시킵시다. 특히 대형견이나 다리가 긴 개는 하체가 약해지면 자기 힘으로 일어나는 걸 힘들어합니다. 걸을 수 있는 상태라면 그 상태를 유지시켜 근육량이 떨어지는 걸 조금이라도 늦춥시다.
병 때문에 몸져눕게 되어도 누워 있는 상태에서 할 수 있는 재활 운동으로 근육이나 관절을 풀어줍니다. 이때 관절이 계속 잘 움직일 수 있도록 신경 씁시다.

담요에 누워 있자.

1

침상은 익숙한 장소에 두기.

개가 안심할 수 있도록 침상은 개에게 익숙한 곳에 둡니다. 가족이 잘 보이는 곳에 두는 것도 좋습니다.

예상할 수 없는 사고에 대응하기
무슨 일이 발생하면 주인이 바로 대처할 수 있도록 합시다.

2

개가 요구하는 것에 적당히 맞춰주기.

개는 몸이 자유롭지 못하면 어떠한 요구를 할 때 짖어서 알리곤 합니다. 식사 시간이 아닌데도 식사 요구를 멈추지 않으면 그때마다 음식을 조금씩 손으로 줍니다.

의사 전달의 중요성
몸져눕게 되면 불안을 느끼는 노견이 많습니다. 의사 전달 과정에서 편안한 분위기를 만들도록 노력합시다.

따뜻해~.

3

안마로 혈액 순환 촉진하기.

대형견의 경우 계속 누워 있으면 다리가 붓기 쉽습니다. 발끝부터 몸통까지 조금씩 주물러서 굳어지기 쉬운 관절이나 근육을 풀어줍시다.

관절을 따뜻하게 해주기
전기장판으로 관절을 따뜻하게 해주면 관절의 움직임이 부드러워지고 안마 효과가 높아진다고 합니다. 안마 후엔 얼음찜질을 해줍시다. 얼마 동안 전기장판을 사용해야 하는지, 얼음찜질을 해줘도 되는지 수의사에게 미리 물어봅시다.

일상적인 관리로 욕창 방지하기

욕창이 생기지 않도록 노력하는 게 중요합니다. 만약 욕창이 생겼다면 환부를 보호하고 청결하게 해줍시다.

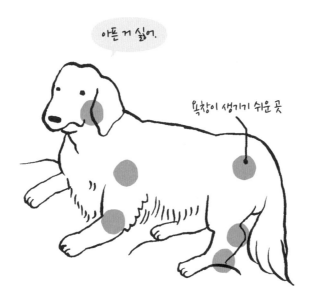

아픈 거 싫어.

욕창이 생기기 쉬운 곳

2~3시간 간격으로 자리를 바꾸어 눕혀주자

몸져눕게 되면 뺨, 어깨, 발목, 허리, 뒤꿈치와 같이 뼈가 튀어나온 부위에 욕창이 생기기 쉽습니다. 욕창을 예방하기 위해 돌려서 눕혀주는 것 외에 우레탄 소재와 같이 탄성이 있는 걸로 침상을 만들어주고 욕창이 생기기 쉬운 부위에 쿠션을 대주는 방법도 있습니다. 욕창을 발견했다면 병세가 나빠지지 않도록 빨리 동물병원에 데려갑니다.

1

돌려서 눕혀주기 ①
일으켜 세우기.

누워 있는 개의 앞다리를 들어
상체를 일으킨 다음 뒷다리를
받쳐서 개를 일단 세웁니다.

조송해요.

중·대형견을 돌려 눕힐 때
사람 허리에 부담이 가지
않도록 반드시 무릎을 바닥
에 댄 자세로 진행합니다.

2

돌려서 눕혀주기 ②
위로 안아서 올리기.

개 몸을 밑에서부터 양팔로 안아
위로 들어 올립니다. 사람 허리가
구부러지지 않도록 주의합시다.

이때 가슴이나 배를 개 몸에 밀착시키면
안정적인 자세가 됩니다.

3

돌려서 눕혀주기 ③
천천히 침상에 내려놓기.

안아 올렸던 개를 원하는 위치에
천천히 내려놓고 눕혀줍니다.
개도 사람도 서로 부담이 가지 않
게 무리하지 맙시다.

개를 들어 올리지 않고 눕힌 채로
돌려 눕히면 사람 몸에 부담이
가게 됩니다.

아~ 편하다.

배설 돌보기

침상은 항상 깨끗하게 유지합시다. 특히 침상에 배설물이 묻지 않도록 신경을 씁니다.

깨끗한 게 좋아요.

배설물을 치운 다음 몸을 닦아주자

개가 누워서 배설할 경우 조금이라도 쾌적하게 청결을 유지해줍시다. 장시간 기저귀를 채워두면 배설물이 몸에 묻기 때문에 손질이 어렵습니다. 배변 시트를 이용하면 배설물을 바로 치워줄 수 있고 몸을 편하게 손질할 수 있습니다. 몸져눕게 되면 장운동이 둔해져 변비에 자주 걸립니다. 섬유질이 많이 포함된 식사를 제공하고 수분을 충분히 섭취할 수 있도록 도와줍시다.

쾌적한 침대네.

1 침상에 배변 시트 깔기.

개가 언제든지 배설할 수 있도록
개 허리 위치를 중심으로 몸 밑에
배변 시트를 깔아줍니다.

배변 시트 까는 법
침상과 배변 시트 사이에 방수 덮개나
수건을 깔아도 좋습니다. 침상을 좀 더
깨끗하게 유지할 수 있습니다.

2 눈을 떼야 할 경우 기저귀 채우기.

밤이 되었거나 개에게서 눈
을 떼야 할 경우 배변 시트를
정리하여 개 엉덩이에 배설
물이 묻지 않도록 합시다.
엉덩이 근처 털을 짧게 깎아
두면 기저귀를 갈 때 배설물
을 쉽게 처리할 수 있습니다.

기저귀가 어울리나요?

사람용 기저귀를 대신 사용할 때
반려견용 기저귀 대신 사람용 기저
귀를 사용할 경우 기저귀의 앞뒤를
반대로 하여 채우면 됩니다.

3 안마로 배변 활동 촉진하기.

배변을 촉진하려면 배 근처
부터 항문까지 가볍게 눌러
줍니다. 소변 활동을 촉진
하려면 방광 부분을 가볍게
눌러줍니다.

옳지. 잘한다.

복부 안마
배설 촉진을 위해 복부를 앞에서부터 뒤로
안마해줍시다.

'임종기' 병원을 선택하는 방법

임종기를 앞두고 예상하지 못한 일이 일어나기도 합니다. 여러 가지 상황을 상정해두는 것이 중요합니다.

동물병원과 신뢰 관계를 구축하자

여러 가지 기준에 따라 신뢰할 수 있는 수의사인지 살펴보고 동물병원을 선택합시다. 평소 이야기를 자주 나누면서 수의사의 사고방식을 이해해둡시다. 간병해야 할 시기가 다가오면 밤중에 병세가 급격하게 나빠지는 등 긴급한 사태가 자주 발생합니다. 긴급 상황에서 병원이 어디까지 대응해줄 수 있는지 미리 확인해둡시다. 야간에 갈 수 있는 동물병원도 있습니다. 예상치 못한 상황에서 당황하지 않기 위해서는 철저한 준비가 필요합니다.

1

왕진이라는 선택지.

몸져누운 개를 동물병원까지 데려가기 어렵다거나 왕래할 차가 없을 땐 왕진을 해주는 동물병원도 있습니다. 왕진 비용은 병원과 집 사이 거리에 따라 다릅니다. 궁금한 것이 있으면 미리 문의해봅시다.

왕진으로 치료가 가능한 범위

왕진할 땐 진료 도구가 한정되어 있기 때문에 질병을 대처하는 데 한계가 있습니다. 대처 가능한 범위를 확인해둡시다. 반려견을 데리러 오고 진료 후 데려다주는 병원도 있습니다.

2

긴급한 상황을 위해 집과 가까운 병원 알아두기.

주치의가 있는 동물병원이 집에서 멀 수도 있습니다. 긴급한 상황에서 바로 대처할 수 있도록 집과 가까운 동물병원을 알아둡시다.

주인들이 교류할 수 있는 장소

동물병원 대합실은 주인들끼리 자신의 고민을 나누고 정보를 교환하는 만남의 장소가 될 수 있습니다.

3

사고방식이 비슷한 병원 선택하기.

반려견을 위해 어떤 치료가 필요한지 수의사와 이야기를 나눠보고 신뢰 관계를 쌓읍시다. 전문적인 의료는 대학병원에 맡기고 일상적인 진료는 주인의 사고방식과 비슷한 동물병원에서 받도록 합시다.

좋은 수의사를 판단하기 위한 기준

'커뮤니케이션이 편한가'는 좋은 수의사를 찾기 위한 기준이 됩니다.

순조롭게 통원하기

나이가 들면 젊은 시절에 비해 통원할 기회가 많아집니다. 개에게 부담을 주지 않도록 통원 횟수를 잘 조절합시다.

병원은 무섭지 않아.

이동장에 들어가는 걸 익숙하게 만들자

통원할 때 받는 스트레스를 가능한 한 줄여줍시다. 이동장에 들어가는 걸 익숙하게 만듭니다. 동물병원에 갈 때만 이동장을 이용하면 평소에 습관이 되어 있지 않아 스트레스를 받을 수 있습니다.

자가용으로 데려갈 땐 개에게 부담을 주지 않도록 배려합시다. 흔들림이 적은 뒷좌석에 이동장을 고정합니다. 차내의 온도 관리*도 잊지 말고 신경 씁니다.

* 여름은 25~26도 정도, 겨울은 22~23도 정도가 적당함.

개에게 죄가 없어도

지하철에 개를 싫어하는 사람이 있을 수 있습니다. 다른 사람에게 불편을 주지 않고 개에게도 부담을 주지 않기 위해 혼잡한 시간은 최대한 피합시다.

이동장은 무릎 위에

다른 승객을 위해 이동장은 무릎 위에 올려놓습니다. 개가 안심할 수 있도록 이동장의 뚫린 부분을 주인 얼굴 쪽으로 향하게 합니다.

1

지하철 타고 통원할 때엔 혼잡 시간 피하기.

지하철로 통원할 때 이동장에 넣어서 이동합니다. 주위 사람을 배려하고 개에게 부담을 주지 않기 위해 붐비는 시간은 피하도록 합시다.

2

대형견은 짧은 목줄로 단단하게 잡기.

동물병원 대합실에서 매너를 지키는 것도 중요합니다. 이동장에 넣을 수 없는 대형견은 다른 개를 위해 목줄을 짧게 잡읍시다. 개의 크기와 상관없이 병원이 혼잡할 때엔 대합실 의자 위에 반려견을 올려놓지 않습니다.

차 안에서 대기하기

개가 몸져누운 상태라면 접수할 때 미리 양해를 구하고 진찰 순서가 올 때까지 차 안에서 기다립시다.

아직 내 차례가 아닌가?

차로 이동할 때

차로 이동할 땐 이동장 위에 안전띠를 두릅시다. 조수석보다 차 한가운데가 흔들림이 적습니다.

3

딱딱한 상자로 된 이동장 사용하기.

천으로 된 이동장은 쉽게 찌그러지기 때문에 이동할 때 개의 몸을 압박할 수도 있습니다. 딱딱한 상자로 된 이동장은 차에 고정하기 쉽다는 장점이 있습니다.

입원하게 된다면

임종기에 입원하게 되면 만약의 긴급 사태를 미리 생각해둡시다.

동물병원에 비상 연락망을 알려주자

임종기가 다가오면 상황이 언제 급변할지 예측할 수 없는 법입니다. 입원 중에 병세가 악화되면 서둘러 병원에 달려가야 할 상황도 생깁니다. 반려견의 임종을 놓치게 되는 사태는 가능한 한 피하고 싶은 법입니다. 동물병원에 미리 비상 연락망을 알려줘서 본인이 없을 때 다른 가족이 연락을 대신 받을 수 있도록 합시다. 또한 심정지가 발생하면 어떻게 대처해야 할지 미리 생각해둘 필요가 있습니다.

입원 기간과 비용은 개 상태에 따라
다릅니다. 수의사에게 설명을 듣고서
판단합시다.

1

입원의 장점과 단점.

입원할 때 주인과 떨어지게
되면 개가 스트레스를 받을
수 있습니다. 입원의 장단점
을 잘 파악하여 입원 여부를
결정합시다.

2

입원할 때 필요한 물건.

입원 중 개가 지내게 될 곳에 평
소 쓰던 수건이나 좋아하는 장난
감, 식기 등 개의 냄새가 밴 물건
을 넣어두어 조금이라도 개가 안
정을 취할 수 있도록 합시다.

이거 너무 좋아.

개가 편안함을 느끼는 물건

개가 편안함을 느끼고 좋아하는
물건이 무엇인지 잘 알아두어
입원할 때 가져다줍시다.

감격했어!

3

입원 중 개가 받는 스트레스 관리하기.

면회가 언제 가능한지 미리 확
인해둡니다. 장기 입원할 경우
상태에 따라 일찍 귀가할 수도
있습니다. 입원 전에 미리 확
인해봅시다.

마음을 전하기

입원 중인 개는 낯선 환경 때문에 불안을 느낄
수도 있습니다. 면회할 때 진심으로 '사랑한다'
는 마음을 전해줍시다.

여러 가지 치료 방법 알아두기

적극적인 치료를 위해 올바른 정보를 모으고 그중 납득이 가는 방법을 고려해봅시다.

납득할 수 있는 치료 방법을 선택하자

병을 치료하는 데에는 여러 가지 방법이 있습니다. 많은 정보 중 알맞은 방법을 선택할 수 있도록 안목을 기르는 것이 중요합니다. '사전 동의'란 수의사에게 치료 방법에 관한 설명을 충분히 듣고서 자신이 납득할 수 있는 치료에 동의하는 것을 의미합니다.

반려견을 위한 치료 방법을 선택할 때 혼란스러울 수 있습니다. 반려견의 입장에서 어떤 치료가 좋을지 생각해봅시다.

1

'신뢰할 수 있는 정보' 모으기.

인터넷을 검색하면 병과 치료 방법에 대한 많은 정보가 나옵니다. 이러한 정보를 활용하는 것도 좋지만 전문가가 감수한 책처럼 가능한 한 신빙성이 있는 정보를 참고합시다.

잘 모르는 것은 질문하기
치료 방법 외에도 간병에 대해 모르는 것이 있다면 단골 수의사에게 물어봅시다.

2

치료법을 선택하는 것은 주인의 몫.

수의사에게 들은 설명과 자신이 모은 정보를 가지고 어떤 치료법을 선택해야 할지 헷갈릴 땐 다시 한번 제대로 생각해본 후 납득이 가는 것을 선택합시다.

사전 동의의 본래 목적
주인과 수의사 모두 마음을 하나로 모아 후회 없는 치료를 선택하는 것이 '사전 동의'의 목적입니다.

어떤 결로 할까?

3

여러 명의 수의사에게서 의견 들어보기.

다양한 수의사에게서 의견을 듣는 것도 치료법을 판단하기 위한 결정타가 됩니다. 다른 수의사의 생각을 참고하고 싶을 때 보충 의견으로 물어보는 것도 하나의 방법입니다.

자료 모으기
보충 의견을 듣기 위해 다른 병원에서 진찰을 받게 되면 지금까지 모아놓은 치료 자료를 가져가서 수의사에게 보여줍니다. 진찰에 도움이 됩니다.

마음을 못 정하겠네.

2차 치료시설이라는 선택지

치료법의 선택지 중 하나로 고도 검사를 받을 수 있는 대학병원이나 전문병원도 알아둡시다.

터널인가?

단골 동물병원에서 할 수 없는 고도 검사는 2차 치료시설에서 받자

필요한 검사를 위해 대학병원이나 전문병원에서 치료를 받는 경우도 있습니다. 예를 들면 진찰을 위해 MRI 검사가 필요한데 단골 동물병원에서는 한계가 있을 경우 특수한 검사를 받을 수 있는 다른 병원을 소개받기도 합니다. 또한 종양과 같은 질병 때문에 방사선 치료와 고도 검사가 필요하게 되면 암 전문병원을 소개받기도 합니다. 이렇게 일반적인 동물병원에서는 한계가 있는 치료를 받을 수 있는 곳이 2차 치료시설입니다.

진료 가능한 범위 알아두기
대학병원에서는 응급 의료를 하지 않을 수도 있습니다.

1
단골 수의사에게 소개받기.

단골 동물병원에서 치료히는 데 한계가 있으면 수의사가 판단하여 2차 치료시설을 소개해주기도 합니다. 2차 치료시설에서는 CT나 MRI, 방사선 치료 등 고도 검사를 받을 수 있습니다.

새로운 병원인가?

2
단골 수의사와 상담하기.

다른 병원을 소개받으려면 단골 수의사와 상담해봅시다. 보충 의견을 듣기 위해 2차 치료시설을 이용하는 주인도 있습니다.

화상(畵像) 진단시설
최근 MRI나 CT로 화상 진단을 하는 검진 센터도 등장했습니다. 이용하려면 단골 수의사에게 소개를 받도록 합니다.

어려운 얘기를 하네?

3
예약 10~15분 전에 도착하기.

대학병원이나 전문병원에 처음 검진하러 가면 진찰을 받기 전 필요한 서류를 작성해야 합니다. 시간의 여유를 가지고 병원에 가도록 합시다.

진찰 과정을 확인해두기
일반적인 동물병원과 달리 전문병원 진료 절차는 복잡할 수 있습니다. 전문병원 홈페이지를 미리 체크해봅시다.

투약의 기본 ①

알약 먹이기

잘못해서 물리지 않도록 이빨 뒤
근처를 잡도록 합니다.

1

입 벌리기.

한 손으로 입 윗부분을 잡고 위로 벌
립니다. 다른 한쪽 손으로 아래턱을
내립니다.

손톱은 짧게 깎아둡니다.

2

약을 입에 넣기.

잘못 넣어서 뱉어내지 않도록
가능한 한 입속에 약을 넣습니다.
혀 뒤쪽으로 넣으면 쉽게 약을
삼키게 할 수 있습니다.

반려견의 입속까지 손을 넣는 것이 힘들
다면 동물병원에서 투약기를 구입해 사
용하는 걸 추천합니다.

3

삼키게 하기.

약을 넣으면 반려견의 입을 닫
습니다. 잠시 후 확실하게 약을
삼켰는지 확인합시다. 입을 닫
은 후 목을 문질러주면 약을 잘
삼킬 수 있습니다.

투약이 끝나면 개에게 칭찬
을 해줍시다. 개가 약 먹는
걸 싫어할 경우 약을 갈아서
식사에 섞거나 좋아하는
간식에 넣어서 주는 재치를
발휘해봅니다.

투약의 기본 ②

물약 먹이기

1
약 준비하기.

물약은 바늘을 뺀 주사기에 넣어 투여하는 걸 추천합니다. 제시한 그림처럼 주사기를 쥐면 손쉽게 투약할 수 있습니다.

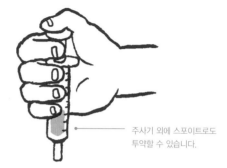

주사기 외에 스포이트로도 투약할 수 있습니다.

2
입 벌리기.

물약은 입을 크게 벌리지 않아도 먹일 수 있습니다. 뺨가죽을 들어 올려 입을 반 정도 엽니다.

입을 벌리기 전 주사기에 약을 넣어둡니다.

3
약을 입에 넣기.

이빨의 뒤쪽 혹은 뺨 사이에 약을 넣은 주사기를 찔러 넣고 천천히 투여합니다.

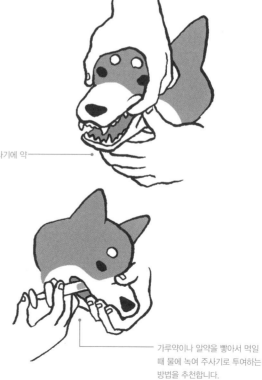

가루약이나 알약을 빨아서 먹일 때 물에 녹여 주사기로 투여하는 방법을 추천합니다.

투약의 기본 ③
안약 넣기

1
안약 준비하기.

한쪽 손으로 아래턱을
단단히 잡고서 개의 얼
굴을 들어 올립니다.

정면에서 안약을 넣으면 개가 무서워합니다.
뒤에서 감싸 쥔 후 안약을 넣습니다.

2
안약 넣기.

안약을 든 손으로 눈꺼풀을
들어 올립니다. 검은자위(각
막)에 안약을 넣으면 눈에 자
극을 줄 수 있기 때문에 흰자
위에 넣습니다.

안약 용기 끝이 눈에 닿지 않도록
조심합니다.

안약을 넣은 후 잠깐 위를 보게 하여
약이 흘러나오지 않도록 합니다.

3
안약을 넣은 후.

약을 넣은 후 부드럽게 눈을
감깁니다. 약이 스며들도록
2~3번 눈을 깜빡이게 합니다.

눈에서 흘러나온 안약은
거즈로 닦습니다.

투약의 기본 ④
링거 주사 놓기

1

링거 투여 준비하기.

바늘을 찔러 넣을 부위를 정합니다. 목과 머리가 이어지는 부분 중 피부가 당겨지는 곳에 바늘을 찌릅니다.

엄지와 검지로 집어 들어서 피부를 당깁니다.

2

주사 바늘 찌르기.

천천히 바늘 밑부분까지 주사를 찌릅니다. 바늘을 찌른 후 링거액을 투여합니다.

바늘 밑부분을 잡고 45도 각도로 찌릅니다.

3

링거 주사를 놓은 후.

링거액을 다 투여하고 나면 천천히 바늘을 뺍니다. 바늘로 찌른 부위를 10초 정도 문지릅니다.

개가 아프지 않도록 강도를 조절합니다.

다소 기술이 필요한 과정이기 때문에 반드시 수의사의 설명을 들은 후 검토해보세요.

개의 의료비는 매우 비싸다?

일본이 1년간 평균적으로 지출하는 개 의료비는 약 30만 엔입니다. 따로 반려동물 보험에 가입하지 않았다면 의료비를 위해 미리 저금합시다.

반려동물 건강보험에 가입하는 방법도 있다

국민건강보험에 반려동물은 포함되지 않습니다. 대신 일본의 경우 반려동물 건강보험이 있어 보험에 가입하면 주인이 부담해야 할 의료비가 20~30퍼센트 정도 줄어들지만 보험에 가입하지 않았다면 주인이 모두 의료비를 부담해야 합니다. 병이나 치료법에 따라 의료비가 매우 비쌀 수 있습니다. 반려견이 나이가 들면 의료비도 오르기 쉽습니다. '여행 준비' 전부터 조금씩 저금을 해두어야 합니다. 반려동물 보험(p.133)에 가입하면 보험 약관에 따라 부담액이 줄어듭니다.

반려동물 보험을 검토하자

종신보험을 원칙으로 하는 반려동물 보험 유형이 늘어나고 있습니다. 조기에 가입하면 노견이 되어서도 보상받을 수 있습니다.

보험 가입할 때 나이 제한과 건강상의 조건이 있다

반려동물 보험이란 손해보험 회사나 소액 단기 보험업자가 보험금으로 반려동물 의료비를 보상해주는 보험입니다. 보험 계획에 따라 의료비의 보상 비율이나 내용이 달라집니다. 대부분 반려동물 보험은 가입할 때 나이 제한과 건강상의 조건이 있으며 노견이나 질병이 있는 개는 가입할 수 없는 경우가 많습니다. 가능한 한 일찍 검토해봅시다.

반려동물 보험에는 동물병원에서 수납할 때 보상 금액만큼 감액되는 형태와 보험금을 나중에 따로 청구하는 형태가 있습니다.

COLUMN 4.
재활시설 이용하기

사람과 마찬가지로 개도 나이를 먹으면 어쩔 수 없이 신체 기능이 나빠집니다. 관절이 딱딱해지면 움직일 때마다 통증이 발생하게 됩니다. 따라서 관절의 유연성과 근육량을 최대한 유지시키는 것이 중요합니다.

추간판 탈출증과 같은 관절 질병은 수술 후 재활을 제대로 하지 않는다면 다시 나빠질 수 있습니다. 조금이라도 몸을 움직일 수 있다면 충분히 움직이게 해줍시다. 개를 몸겨눕게 하지 않기 위해서는 효과적인 재활 치료가 중요합니다.

동물병원이나 재활센터에서 재활 치료를 진행할 수 있습니다. 예를 들어 몸을 단련하기 위해 개 전용 밸런스 볼과 밸런스 디스크를 사용하는 운동, 사지에 주는 부담을 줄이기 위해 몸을 위에서 네 개의 줄로 지탱한 후 보행 장치 위에서 걷게 하는 훈련 등이 있습니다. 집에서 재활이 어려울 경우 재활시설을 활용합시다.

제5장

임종 전후에 할 수 있는 일

마지막을 지켜보는 가족이 할 수 있는 일

반려견을 위해 치료 방법을 결정할 때 잘못된 결정이란 없습니다. 후회하지 않도록 최선을 다합시다.

가족이 내린 결단을 후회하지 말자

반려견이 무지개다리를 건너면 치료나 간호하는 과정에서 더 해줄 수 있는 게 있지 않았을까 후회할지도 모릅니다. 하지만 긴 시간을 함께한 주인은 반려견을 가장 잘 이해하는 사람입니다. 반려견을 생각해서 내린 결단이었다면 모두 옳은 것입니다. 가족과 함께 충분히 고려한 후 치료 방법을 선택하는 것도 후회를 줄이는 한 방법입니다. 안일하게 생각하지 말고 미리 생각해둡시다. 반려견과 함께한 즐거운 추억이 간병하는 시기를 지탱해줄 것입니다.

배웅하기 전의 마음가짐 ②
'기다리는 것이 죽음뿐'일 때

주인이 슬픈 표정을 지으면 개도 슬퍼합니다. 개를 위해 비관하지 말고 끝까지 곁에 있어줍시다.

개에게 불안한 마음을 전달하지 말자

임종이 가까워지면 주인이 할 수 있는 일은 없습니다. 주인이 돌볼 수 있는 단계가 지나면 조용히 지켜보는 수밖에 없습니다. 반려견은 주인을 보면 다 압니다. 아픈 반려견을 보면 마음이 힘들어지는 법이지만 이러한 주인의 불안한 마음은 반려견에게 전해질 수 있습니다. 임종기 때 할 수 있는 일은 투약이나 수술과 같은 치료만이 전부가 아닙니다. 마지막까지 상냥하게 쓰다듬어주거나 침상을 매만져주고 반려견이 조금이라도 불안해하지 않도록 계속해서 배려해야 합니다.

생명의 끝이 다가왔다는 신호

임종이 다가오면 민감해집시다. 호흡에 변화가 생겼다든지 의식이 없어진다든지 반려견의 상태를 세밀하게 지켜봅니다.

임종이 다가오면 옆에 있어주자

마지막 이별이 다가온 것을 알 수 있는 신호에는 여러 가지가 있습니다. 우선 식사와 물을 넘길 수 없게 됩니다. 호흡이나 심장 박동 상태가 변합니다. 누구든지 촛불이 사그라지는 것처럼 반려견이 평화롭게 임종을 맞이하길 바랍니다. 하지만 질병에 따라 경련이 계속되는 상태에서 임종을 맞이할 수도 있다는 사실을 기억합시다.

1

호흡 상태 관찰하기.

호흡 속도를 잘 살펴봅시다. 호흡이 얕고 빨라지거나 때로는 깊고 느려진다면 앞으로 시간이 얼마 남지 않았다는 징조입니다. 곁에 있어줍시다.

집중해서 관찰하기
표정을 관찰하면서 동시에 호흡 깊이에 주의합니다. 상냥하게 말을 걸어주거나 쓰다듬어주면서 임종을 지켜봅시다.

2

심장 박동이 약해진다.

임종이 다가오면 대부분의 경우 심장 박동이 느려집니다. 반려견의 가슴에 귀를 대고 고동을 들어봅시다. 소리가 약해지고 느려질 것입니다. 임종할 때까지 상냥하게 곁을 지켜줍시다.

사랑해.
지금까지, 그리고
앞으로도.

개의 심장 박동 수
건강한 개의 심장 박동 수는 1분에 70~160회(소형견: 60~140회, 대형견: 70~180회)입니다.

3

의식이 돌아오지 않는다.

임종 직전에 일시적으로 의식을 잃는 경우도 있습니다. 임종을 맞이하게 되면 의식이 돌아오지 않고 혼수상태가 됩니다.

임종을 돌볼 때
혼수상태에 빠지면 쓰다듬거나 안아주면서 상냥하게 지켜봅시다.

안락사라는 선택지

개를 최우선으로 생각했을 때 조금이라도 안락사에 대해 망설이게 된다면 후회하지 않도록 진행하지 맙시다.

개가 너무 고통스러워할 때는 안락사도 고민해보자

극심한 통증 때문에 개가 괴로워하는 경우 고통을 해결해주기 위해 안락사라는 선택지도 있습니다. 중요한 것은 개가 정말로 고통을 끝내고 싶어 하는지에 대한 여부입니다. 치료를 받았다고 해도 좋아하던 밥을 먹을 수 없게 되고 반복된 경련과 호흡 곤란으로 괴로워하는 등 고통이 계속될 수 있습니다. '후회하지 않을 것'이라는 전제 아래 선택지 중 하나로 고려해봅시다.

정보 수집의 중요성

안락사가 고민되면 수의사나 개를 기르고 있는 가까운 사람들과 상담해봅시다.

1
선택은 가족의 몫.

대부분의 수의사는 안락사를 권유하지 않습니다. 판단은 주인의 몫입니다. 가족 전원이 수긍할 수 있는 결정을 하도록 합시다.

2
가족 전원이 함께 이야기하기.

결정할 때 가족 전원의 동의를 얻는 것이 중요합니다. 한 명이라도 반대 의견이 있다면 절대 진행하지 맙시다.

납득할 수 있는 선택

가족 전원이 마음을 터놓고 이야기하도록 합시다. 솔직한 마음을 나누고 전원이 납득할 수 있는 결론을 내립시다.

자신의 마음 들여다보기

반려견의 목숨이 달린 선택을 하는 건 무척 힘든 일입니다. 자신이 진심으로 수긍할 수 있는 방법을 선택합시다.

안락사
집에서
입원

3
망설여진다면 절대로 하지 말 것.

어떻게 할지 망설여진다면 안락사를 선택하지 맙시다. 망설이는 상태로 선택하게 되면 반드시 후회할 수 있습니다.

병원에서 임종을 맞이할 때

임종을 지키지 못해서 후회하지 않도록 사전에 자신의 생각을 병원 측에 잘 전달해놓읍시다.

사전에 병원과 임종 대처에 관해 이야기해보자

입원 도중 임종을 맞이할 수도 있습니다. 반려견과의 마지막 순간을 지키지 못할 경우를 대비해서 수의사에게 미리 부탁할 사항들을 이야기해둡시다. 심폐사가 발생하면 심폐 소생술을 진행할지에 대한 여부도 말해둡니다. 임종 후 유체를 거두러 갈 수 있는 시간대를 확인해둡시다.

소중한 여행 준비 시간

마지막 이별이 점점 다가오면 시간이 허락하는 한 개의 곁에 있어줍니다.

마지막 순간까지 옆에 있어주자

마지막 순간을 집에서 보내게 된다면 반려견을 더욱 민감하게 돌봅시다. 생명의 끝이 다가오면 상냥하게 쓰다듬어주거나 안아주면서 옆에 있어줍니다. 마치 기다렸다는 듯이 주인의 온기를 느끼면서 임종을 맞이하는 반려견도 있습니다. 지금까지 함께 보낸 시간이 그것을 가능하게 해줬는지도 모릅니다. 후회하지 않도록 임종의 순간까지 차분히 지켜봅시다.

유체를 깨끗하게 정돈하여 안치하기

반려견이 깨끗한 상태로 여행을 떠날 수 있도록 마지막에 해야 할 일입니다.

깨끗하게 정돈하며 이별을 준비하자

괴롭더라도 반려견의 유체를 그대로 둘 수 없습니다. 무리하지 말고 가능한 범위에서 유체를 정돈해줍니다. 긴 세월 함께했던 반려견이기에 깨끗한 상태로 보내주고 싶은 법입니다.
침, 눈곱, 귀지 등으로 지저분해진 부분을 깨끗하게 닦아줍니다. 소변이 나오는 경우도 있으니 엉덩이 주변을 잘 닦아줍시다.
수많은 추억을 선사해준 것에 감사하며 이별 준비를 합시다.

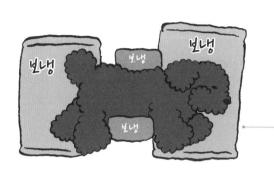

1
관 준비하기.

몸을 깨끗하게 정돈한 후 유체가 늘어갈 관을 준비해서 안치합니다. 여름철에는 유체 손상을 막기 위해 관에 보냉제를 넣어두면 좋습니다.

떠나보낸 직후 해야 할 일
몸에 온기가 남아 있는 동안 반려견의 사지를 가슴 쪽으로 접어줍니다. 경직이 시작되면 천천히 문지르고 나서 부드럽게 굽혀줍니다.

2
관 안에 넣는 물건.

생전에 쓰던 수건을 깔거나 좋아했던 물건, 꽃 등을 넣어줍니다. 화장할 경우 플라스틱이나 금속류, 보냉제는 넣지 않습니다.

대형견을 위한 관
대형견이라고 해도 관에 안치할 수 있습니다. 유체가 들어갈 수 있는 크기의 관을 사용합시다.

목욕 수건

보냉제

신문

관을 안치할 때
유체가 들어간 관은 직사광선이 닿지 않는 곳에 안치합니다. 집에 안치할 수 있는 마땅한 장소가 없다면 반려동물 납골당에 얼마 동안 맡겨둘 수 있는지 알아봅시다.

3
병원에서 해줄 수 있는 일.

동물병원에서 숨을 거두었다면 병원에서 유체를 정돈해줍니다. 입속에 솜을 넣고, 유체의 지저분한 부분은 수건으로 닦아줍니다.

너무 무리하지 말기
집에서도 유체를 씻겨줄 수 있습니다. 힘들다면 무리하지 말고 동물병원에 의뢰합니다.

장례식을 치러 반려견을 떠나보내기

장례를 치를 때 정해진 규칙은 없습니다. 잘 모르겠다면 믿을 만한 사람과 상담합시다.

장례는 미리 준비하자

어느 장례업자를 선택해야 할지 고민이라면 단골 동물병원에서 상담을 받습니다. 반려견을
잃은 직후 상심에 빠지면 장례식을 갑자기 준비하기 어렵습니다. 미리 알아보고 준비합시다.
단골 수의사로부터 정보를 얻는 것도 좋은 방법입니다. 반려견을 떠나보낸 경험이 있는 친구
에게 물어보는 것도 좋습니다.
장례 방법에 정해진 규칙은 없습니다. 장례를 어떻게 치를지는 주인이 결정하면 됩니다.

1

민간 장례업자에게 부탁하기.

장례업자나 반려동물 납골당에 화장을 의뢰합니다. 사전에 비용을 확인하고 반려견과 가족에게 가장 좋은 장례 방법을 선택합시다.

장례업자 선택하는 방법
반려견을 위해 설명을 차분히 들은 후 신중하게 장례업자를 선택합시다. 견종이나 비용에 따라 장례 형식에 차이가 있습니다.

2

마당에 안치하기.

집에 마당이 있다면 마당에 매장하는 것도 한 가지 방법입니다. 유체를 묻는 구덩이를 얕게 파면 까마귀가 파헤칠 수 있으므로 깊게 파서 묻어야 합니다.

화장한 후 매장하기
유체를 그대로 매장하면 근처에서 냄새가 나 신경 쓰일 수 있습니다. 그럴 경우 화장한 후 매장하여 곁에 두도록 합시다.

3

행정 수속.

일본에서는 반려견을 떠나보낸 후 30일 이내에 반려동물 등록을 했던 시청이나 구청에 가서 사망 신고를 해야 합니다. 사망 신고와 함께 반려동물 등록증, 광견병 예방 접종표를 반납합니다. 등록증을 분실했거나 추억으로 남겨두고 싶다면 미리 이야기를 해봅니다.

마음을 정리하는 방법
떠나보낸 후 사망 신고서를 내지 않으면 행정적인 안내가 계속 올 수 있습니다. 마음 정리를 위해서라도 행정 수속을 적당한 시기에 진행합시다.

COLUMN 5.

노견을 위한 미용

나이가 들었다고 미용을 그만둘 수 없는 법입니다. 노견은 털이 빈약하기 때문에 미용을 해도 젊었을 때와 다를 수 있습니다. 그래도 미용은 몸을 청결하게 하고 필요 없는 털을 제거해주는 등 건강을 유지해줄 뿐만 아니라 개와 사람이 함께 쾌적하게 살 수 있도록 도와줍니다.

미용을 할 때 주의해야 할 점이 있습니다. 예를 들어 심장병과 같이 지병이 있는 개는 미용을 하다가 상태가 나빠질 수 있습니다. 왜냐하면 몸을 씻고 드라이어로 말리는 일이 개의 심장이나 호흡기에 부담을 줄 수 있기 때문입니다. 미용을 하다가 열중증을 일으키는 경우도 자주 발생합니다. 치주 질환을 앓고 있는 개라면 미용 중 머리가 눌리면서 턱뼈가 부러지는 사고가 생길 수도 있습니다. 치주 질환이 심하면 턱뼈가 녹아서 뼈가 물러지기도 합니다. 따라서 노견이 미용을 할 땐 여러 가지 주의가 필요합니다. 동물병원에서 미용을 하면 수의사가 사고에 대처할 수 있기 때문에 좀 더 안전합니다.

제6장

정신적인 고통 치유하기

펫로스 증후군 치유하기

개와 함께했던 행복한 일상을 떠올리며 충분히 슬퍼합니다. 그러면 슬픔이 어느새 추억으로 바뀌고 펫로스 증후군이 치유될 것입니다.

죽음을 받아들이고 조금씩 앞으로 나아가자

반려동물을 잃은 슬픔 때문에 우울해지는 증상을 '펫로스 증후군'이라고 합니다. 이별 때문에 힘들겠지만 추억을 생각하면서 반려견의 죽음을 받아들입시다. 충분히 슬퍼하는 것이 중요합니다. '슬픈 기분'을 충분히 표현하면 슬픔이 어느새 추억으로 바뀌어 다시 일어설 수 있습니다. 후회 없는 치료와 간병을 해낸 주인은 펫로스 증후군에 걸릴 일이 적습니다. 반려견의 임종기에 최선을 다하는 것이 펫로스 증후군을 치유하는 길입니다.

1
슬픔은 누구나 가질 수 있는 감정이다.

반려동물을 잃은 슬픔은 누구나 겪을 수 있다는 사실을 기억합시다.

감정을 솔직하게 표현하기
마음을 솔직하게 표현합시다. 반려견과 함께했던 추억을 글로 써보거나 다른 사람에게 이야기해보는 것도 좋습니다.

천천히 회복하기
천천히 시간을 가지면 반려견과 함께했던 일생을 곧 즐거운 추억으로 받아들일 수 있을 것입니다.

2
무리하지 말기.

상실감 때문에 일상생활에 지장이 갈 수 있습니다. 무리하거나 너무 애쓰지 말고 천천히 나아갑시다. 상담사와 상담하는 것도 좋습니다.

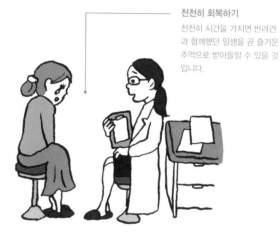

감정 정리하기
다른 사람과 이야기를 나누다 보면 슬픔의 원인이 더 명확해지기도 합니다.

3
함께 공감할 수 있는 사람과 이야기하기.

반려동물을 떠나보낸 사람에게 체험담을 듣거나 서로의 추억을 나누는 것도 좋습니다. 다른 사람에게 공감을 받는 것은 회복할 수 있는 계기가 됩니다.

고통을 받아들이는 방법

슬픔을 극복하기 위한 첫걸음을 내딛습니다. 고통을 받아들이는 방법은 사람마다 다양합니다.

슬픔에서 벗어나 반려견에게 감사하자

반려견을 떠나보내고 충분히 슬퍼한 후에는 고통을 인정하고 펫로스 증후군에서 벗어날 준비를 합니다. 고통을 받아들이는 방법은 다양합니다. 사진과 유품을 정리하거나 반려견 털로 기념품을 만드는 방법이 있습니다. 납골당에 인사하러 가거나 유골을 집에 두고 꽃을 놓아두면서 명복을 빌 수도 있습니다. 사랑하는 반려견에게 감사하는 마음을 다시 한번 확인하면서 슬픔을 정리합시다. 가족 모두 힘을 되찾는 것이 반려견을 위하는 길입니다.

개와 보낸 행복한 시간을 추억하기

이별의 슬픔이 두려워 새로운 만남을 꺼리는 것은 아쉬운 일입니다. 반려견과 보냈던 즐거운 시간을 떠올려봅니다.

슬픔을 치유하는 또 다른 방법도 있다

펫로스 증후군에서 벗어나기 위해 새로운 개를 맞이하는 방법도 있습니다. 반려견을 잃은 슬픔은 쉽게 사라질 수 없는 감정입니다. '전에 키우던 반려견에게 미안하다'라는 죄책감이나 '이별이 두려워 더 이상 반려동물을 기르고 싶지 않다'라는 감정이 생길 수 있습니다. 모두 자연스러운 감정이지만 새로운 만남이 슬픔을 치유해줄 수 있습니다. 떠나보낸 반려견과 함께 했던 날들은 좋은 추억으로 새기고 새로운 반려견과 또 다른 생활을 시작하는 것도 더없는 행복이 될 수 있습니다.

부록 **오늘의 몸 상태 기록**   년   월   일   요일

🐾 체중   kg
....

🐾 체온   ℃
....

🐾 먹은 음식의 양   g
....

🐾 마신 물의 양   ml
....

🐾 소변 횟수와 상태
....

횟수 :   회
....

상태 : 색 →
....

       냄새 →
....

🐾 대변의 횟수와 상태

횟수: 회

상태: 색 →

        굳기 →

🐾 몸의 상태

눈: 눈동자   흰자위가 희다 / 검은자위가 탁하지 않다

        눈곱   있다 / 없다

코: 콧물   있다 / 없다

몸: 하체

        호흡

        멍울   있다 / 없다

🐾 메모

* 소파에서 떨어지거나 구토를 하는 등 특이 사항이 있으면 그 시간, 횟수, 상황을 기입하세요.

부록 **노견 표준치 데이터**   몸무게나 배설 상태 등 개의 이상을 쉽게 알아차릴 수 있는
항목의 정상 수치를 정리했습니다.

몸무게

저체중: 갈비뼈와 등뼈가 울퉁불퉁하게 드러나는 상태

정　상: 갈비뼈와 등뼈가 살짝 드러나는 상태

비　만: 갈비뼈와 등뼈가 전혀 보이시 않는 상태

체온

소·중형견: 38.6~39.2도

대형견: 37.5~38.6도

먹는 식사량

체중에 70을 곱한 후 다시 0.75제곱을 하여 적정 칼로리를 계산합니다.

계산기를 사용하여 계산하면 ① 체중을 3번 곱하고 = 을 누릅니다.

② √(루트)를 2번 누릅니다. ③ 70을 곱하고, 1.4˚를 곱합니다.

예) 3kg →225kcal, 4kg→280kcal

5kg→330kcal, 6kg→375kcal

마신 물의 양

하루 수분량

체중(kg)	음수량(ml)	체중(kg)	음수량(ml)	체중(kg)	음수량(ml)
1	70	11	420	21	690
2	120	12	450	22	700
3	160	13	480	23	740
4	200	14	510	24	760
5	230	15	530	25	790
6	270	16	560	26	800
7	300	17	580	27	830
8	330	18	610	28	850
9	360	19	640	29	880
10	400	20	660	30	900

* 어느 정도 운동을 하고 일상생활이 가능한 개는 운동량에 맞춰서 0.8~1.4 사이의 수치를 곱함.

소변 횟수와 상태

횟수: 24시간 이내에 1회 이상

상태: 색 → 노랗고 투명

 대변 횟수와 상태

횟수: 하루 1~3회(운동량에 따라 달라짐)

상태: 색 → 밀크초콜릿 같은 색깔

굳기 → 너무 부드럽지 않고 사료 정도로 굳은 상태

 몸의 상태

눈: 흰자위에 황달이나 검은자위에 탁한 부분이 없는 상태

(p.60~62)

코: 콧물이나 코피가 나지 않는 상태 (p.66~68)

몸: 기침 → 기침이나 입으로 호흡을 하지 않는 상태 (p.78~80)

피모 → 좌우대칭 탈모가 없음 (p.72)

하체 → 걸을 때 머리와 허리가 위아래로 움직이지 않는 상태

(p.86)

반려견과 후회 없는 이별을 위해

일본의 저출생 현상은 사람에게만 국한된 이야기가 아닙니다. 많은 분이 아실지 모르겠지만 개의 세계에서도 저출생 현상이 빠르게 진행되고 있습니다. 왜냐하면 강아지를 기르기 시작하는 가정이 줄고 있으며 동시에 주인의 애정이 개의 평균 수명을 연장시키고 있기 때문입니다.

건강 수명이라는 말이 있습니다. 사람에게 이 말은 '건강상의 문제로 일상생활이 제한받지 않는 기간'이라고 정의됩니다. 건강 수명을 연장하는 것은 나이 든 사람들을 위한 의료 목표 중 하나입니다. 개도 사람과 마찬가지로 다양한 질병을 가지고 일상생활을 보냅니다. 정기적인 건강 검진을 통해 미리 발견하여 치료할 수 있는 질병이 증가하면서 개의 건강 수명을 늘리고자 초기에 질병을 예방하는 주인들이 많아지고 있습니다.

저와 제 가족 역시 여러 번 경험했지만, 가족의 일원으로 함께 살아가는 반려동물에게 좋지 않은 변화가 생긴다면 '여행 준비'를 생각해봐야 합니다. 슬픈 현실이지만 병에 따라서 여행 준비를 다달이 해야 할 때도 있고 연 단위로 유예할 때도 있습니다.

현실에서 반려견과 후회 없이 이별하기란 상당히 어려운 일입니다. 저는 이 원고를 쓰는 동안 우리 집에서 13년을 함께 살았던 반려동물을 떠나보내야 했습니다. 제 개인적인 체험과 더불어 수의사로서의 지식과 경험을 이 책에 모았습니다. 반려견을 위해 여러분이 참고로 삼을 수 있다면 기쁠 것 같습니다.

고바야시 도요카즈

개도 아플 때가 있다
: 강아지 전문 수의사의 50가지 홈 케어 가이드

펴낸날	초판 1쇄 2017년 6월 15일

지은이	고바야시 도요카즈
옮긴이	윤지은
펴낸이	심만수
펴낸곳	(주)살림출판사
출판등록	1989년 11월 1일 제9-210호

주소	경기도 파주시 광인사길 30
전화	031-955-1350 팩스 031-624-1356
홈페이지	http://www.sallimbooks.com
이메일	book@sallimbooks.com

ISBN	978-89-522-3645-6 03490

이 도서의 국립중앙도서관 출판시도서목록(CIP)은 서지정보유통지원시스템 홈페이지
(http://seoji.nl.go.kr)와 국가자료공동목록시스템(http://www.nl.go.kr/kolisnet)에서
이용하실 수 있습니다.(CIP제어번호: CIP2017011606)

책임편집 · 교정교열 황민아